手机断舍离

如何快速摆脱手机成瘾

HOW TO BREAK UP WITH
YOUR PHONE
THE 30-DAY PLAN TO TAKE BACK YOUR LIFE

[美] 凯瑟琳·普赖斯 著
（Catherine Price）
关凤霞 译

图书在版编目（CIP）数据

手机断舍离：如何快速摆脱手机成瘾 /（美）凯瑟琳·普赖斯（Catherine Price）著；关凤霞译 .—北京：机械工业出版社，2024.4

书名原文：How to Break Up with Your Phone: The 30-Day Plan to Take Back Your Life

ISBN 978-7-111-75599-9

Ⅰ.①手…　Ⅱ.①凯…②关…　Ⅲ.①病态心理学–通俗读物　Ⅳ.①B846-49

中国国家版本馆CIP数据核字（2024）第072793号

机械工业出版社（北京市百万庄大街22号　邮政编码100037）

策划编辑：朱婧琬　　　　责任编辑：朱婧琬

责任校对：王荣庆　陈　越　　责任印制：单爱军

保定市中画美凯印刷有限公司印刷

2024 年 6 月第 1 版第 1 次印刷

147mm × 210mm · 5.875印张 · 1插页 · 102千字

标准书号：ISBN 978-7-111-75599-9

定价：49.00元

电话服务　　　　　　　　网络服务

客服电话：010-88361066　　机　工　官　网：www.cmpbook.com

　　　　　010-88379833　　机　工　官　博：weibo.com/cmp1952

　　　　　010-68326294　　金　　书　　网：www.golden-book.com

封底无防伪标均为盗版　　　机工教育服务网：www.cmpedu.com

HOW TO
BREAK UP
WITH YOUR
PHONE

目 录

致我手机的一封公开信

亲爱的手机：

我还记得，我们第一次见面的时候，你是一款价格昂贵的新产品，只有从美国电话电报公司（AT&T）才能买到；而我那会儿还能背得出我好朋友的电话号码。在你刚面世的时候，我不得不承认你的触摸屏真的吸引到我了，但我当时正忙着用翻盖手机发短信，无暇尝试新东西。

后来我将你握在手中，于是一切开始进展神速。没过多久，我们就共同进退、形影不离：一起散步，一起度假，一起和朋友共进午餐。一开始你想和我一起去卫生间，我还觉得有点儿怪怪的——但是现在，像这种私人时间，我也可以毫无保留地与你共享了。

我和你，我俩现在密不可分。睡前最后捧着的是你，睡醒最先去找的也是你。你记得我的所有事情，我的就诊预约，我的购物清单，还有我的周年纪念。你给我提供动图和节日表情包，好让我在朋友生日的时候发给他们，这样他们就不会因为我只发短信不打电话而不开心，他们会想："哇，动画气球哎！"你瞧，本来只是我的回避策略，人家反而觉得我周到体贴，这可都是你的功劳，我真是感激不尽。

手机，你太了不起了。我是说真的，一点儿没夸张：你不仅能让我纵览时空，还让我在那么多个夜晚，过了睡觉时间还盯着你的屏幕大熬三个小时，这怎能不让我叹服。无数次我们一起共眠，有时候我甚至得掐自己一把，看看自己是不是在做梦——相信我，我还真希望是在做梦，因为自从我们相遇以来，我的睡眠似乎就被什么给扰乱了。而且我都不敢相信你竟然给了我那么多礼物，尽管严格意义上来讲，很多礼物其实是你陪我沐浴"放松"时，我自己网购的。

多亏有你，我再也不用担心孤独了。每当我感到焦虑不安的时候，你都会给我一个游戏或新闻推送，或者大热的熊猫视频，好让我分散一下注意力。那无聊的时候呢？就在几年前，我经常发现自己除了做白日梦或者想东想西，根本没有什么其他方式可以打发时间。甚至有几次，我走进办公楼电梯，在电梯里只能看看别的乘客，其他无事可做。就这样等电梯运行了六层楼那么久！

可是现在呢，我甚至都不记得上一次感到无聊是什么时候了。准确地说，我已经不记得很多事情了。比如，和朋友一起吃饭，全程无人玩手机，这样的情况有多久没见过了？比如，坐下来一口气读完一整篇杂志文章的感觉是什么样的？或者，我在上一段里说了什么内容？又或者，撞上电线杆之前我在看谁的短信来着？

或者诸如此类的事。总之我的意思就是，没有你我活不下去。

而这就是为什么我难以开口告诉你，我们必须要分手。

HOW TO BREAK UP WITH YOUR PHONE

引　言

首先要说清楚：本书的目的不是让你彻底抛弃手机。和一个人分手，并不意味着你要断绝所有人际关系，那么和手机“分手”也是一样，没必要把你的触屏手机换成一个老式的拨号盘电话。

毕竟，智能手机有太多的好处让我们爱不释手。它们既是照相机，又是音乐 DJ，还可以让我们与亲友保持联系，而且每一件琐事，只要我们想得到去问，它们就能知道答案。它们告诉我们交通和天气信息，为我们存储日程和联系人列表。它们真的是了不起的工具。

但是，智能手机的某些特性让我们也表现得像工具一样。现在大多数人没有手机就不能好好吃饭、看电影，甚至过个红绿灯都得捧着手机。偶尔要是不小心把手机落在家里或是办公桌上，我们就会不顾一切地要去找到它，只要发现手机不见了，我们就会一次又一次地感到焦虑。如果你和大多数人一样，那么此刻你的手机一定触手可及，而且只是提到“手机”这两个字，你都会想要去查看点儿什么，比如新闻、短信、邮件、天气等，任何东西。

那就去吧，去看看你的手机。之后再回来这里，然后注意你的感受。你现在冷静吗？专注吗？心思在这儿吗？感到满足吗？还是说，你觉得自己有点儿注意力分散、心神不安，有种说不清道不明的焦虑感？

智能手机进入我们的生活不过区区十多年，可如今我们却开始怀疑它们对我们生活的影响是否完全积极正面。我们觉得忙碌却低效，彼此联系不断，却孤独不堪。这个科技产品给了我们自由，同时也像皮带一样把我们拴住——拴得越紧，越容易让我们产生疑问：到底谁才是真正的掌控者。结果便是，无解的矛盾：我们热爱手机，可是我们又常常讨厌它们带给我们的感觉。而且，似乎没有人知道该怎么办。

其实，问题不在于智能手机本身，而在于我们与手机的关系。智能手机如此迅速又彻底地渗透进我们的生活，以至于我们根本无暇停下来思考，我们到底想与它们建立怎样的关系。或者，这些关系可能对我们的生活产生怎样的影响。

我们从未停下来思考，手机有哪些功能让我们感觉良好，哪些功能让我们感觉糟糕。我们从未停下来思考，为什么智能手机如此让人难以放手，或者当我们拿起智能手机时，谁会从中受益。我们从未停下来思考，花这么多时间玩手机可能会对我们的大脑产生什么影响，也从没有想过手机是像宣传的那样使我们与他人紧密相连，还是让我们形同陌路。

与手机“分手”就是给自己一个停下来思考的机会。

让你去分辨你与手机的关系哪些部分是好的，哪些部分是不好的。让你在线上和线下生活之间设定界限。让你意识到自己使用手机的方式和原因，从而让你明白这些都是手机操纵的结果。让你能够消除手机对大脑的影响。让你更加重视现实生活中的人际关系，而不是通过手机屏幕建立起来的人际关系。

与手机“分手”，你就能获得空间、自由和方法，有了这些你才能与手机建立一种新的、长期的关系，在这种关系中，你可以继续喜欢手机的好，同时摒弃手机的不好。换言之，这种关系能让你感到健康、快乐，而且是可控的。

如果你好奇自己与智能手机的关系状态，那么可以尝试下面的“手机上瘾程度测试”(Smartphone Compulsion Test)[1]，该测试由互联网与技术成瘾中心（Center for Internet and Technology Addiction）创始人、康涅狄格大学医学院精神病学教授戴维·格林菲尔德（David Greenfield）博士开发。圈出以下符合你情况的问题即可。

1. **你是否发现自己花在手机上的时间比你意识到的要多？**
2. **你是否发现自己经常盯着手机漫无目的地打发时间？**
3. **你是否一用起手机就好像忘记了时间？**

4. 你是否发现自己花更多的时间发短信、推特[㊀]或电子邮件，而不是与人面对面交谈？
5. 你在手机上花的时间是否在增加？
6. 你是否希望自己少用点儿手机？
7. 你是否经常在睡觉时把手机（开机状态）放在枕头底下或床边？
8. 你是否发现自己整天都在查看和回复短信、推特和电子邮件，即使做这些会打断你正在做的其他事情？
9. 你在开车或做其他类似的需要全神贯注的活动时，是否会发短信、电子邮件、推特、Snapchat、Facebook 消息或上网？
10. 你是否觉得使用手机有时会降低工作效率？
11. 你是否不愿离开手机，哪怕只是很短的时间？
12. 当你不小心把手机留在车里或家里，或者手机没信号或坏了，你会感到不自在或不舒服吗？
13. 吃饭的时候，你的手机是否总是放在餐桌上？
14. 当你的手机铃声或提示声响了时，你是否极其渴望去查看短信、推特、邮件、信息更新等？
15. 你是否发现自己每天都会无意识地查看手机很多次，即使你知道可能并没有什么新的或重要的东西需要查看？

每个问题的分值均为 1 分。

㊀ 2023 年 7 月，推特（Twitter）公司更名为 X。——译者注

以下是格林菲尔德博士对测试分数的解读。

- **1～2 分：你的行为是正常的，但这并不意味着你就应该生活在智能手机里。**
- **3～4 分：你的行为可能会出现问题或存在强迫性使用手机的倾向。**
- **5 分或以上：你在使用手机方面很可能存在问题或强迫症。**
- **8 分或以上：如果你的分数高于 8 分，那么你可以考虑找一位专门研究行为成瘾的心理学家、精神科医生或精神治疗医师进行咨询。**

如果你和大多数人一样，那么你现在应该也发现自己有资格接受精神评估了。什么意思？这项测试要想得分低于 5 分，那就只有一个办法——别有手机。

的确，这些行为和感受现在已经非常普遍，但并不代表它们就是无害的，也不表示这个测试过分夸张。相反，这表明问题可能比我们想象的更严重。为了证明这一点，你可以试试这个游戏：下次你在公共场合时，稍微注意一下你周围有多少人（包括小孩子）在盯着他们的手机。然后想象一下，这些人不是在看手机，而是在给自己注射成瘾物质。这时你还会因为周围有一半的人都在这么做而觉得这件事很正常吗？

也不是说智能手机就和成瘾物质一样容易上瘾，但我确实认为，如果我们不觉得自己有问题，那我们就是在欺骗自己。

看看以下数据：

- 美国人查看手机的频次约为每天 47 次。[2]18～24 岁的年轻人平均每天查看手机 82 次。所有人加起来每天查看手机的次数达 90 多亿次。
- 美国人花在手机上的时间平均每天 4 小时以上，[3] 换算到每周就是 28 小时，每月 112 小时，每年整整 56 天。
- 近 80% 的美国人醒来半小时内会查看手机。[4]
- 有一半的人会在半夜查看手机（在 25～34 岁的人群中，这一比例超过 75%）。[5]
- 我们使用手机频度过高，导致重复性劳损的出现，[6] 比如“短信拇指”（texting thumb）、“短信脖”（text neck）和“手机肘”（cell phone elbow）。
- 超过 80% 的美国人表示，他们“在醒着的时候几乎时时刻刻”都会把手机放在身边。[7]
- 近 50% 的美国人同意这一说法：“我无法想象没有智能手机的生活。”[8]
- 近 10% 的美国成年人承认自己在性行为期间会查看手机。[9] 是的，哪怕是性行为的时候。

但是对于我来说，最令人惊讶的调查结果其实是这个：美国心理学会（American Psychological Association）出具的 2017 年度《美国压力》（*Stress in America*）报告指出，近 2/3 的美国成年人同意，定期“断网”或进行“数字戒毒”有利于自己的心理健康。结果，只有不到 1/4 的人真正做到了这一点。[10]

作为一名健康和科学方向的记者，我对这一差异感到十分好奇，但也只是个人兴趣而已。我花了超过 15 年的时间撰写各种书籍和文章，内容涉及糖尿病、营养化学、内分泌及正念、积极心理学和冥想等多个主题。除了做过一小段时间的拉丁文和数学老师外，我一直都是自己当老板——创业者应该都知道，一名自由职业者想要生存，就必须保持高度自律和专注。(天哪，我曾经还花了三年时间写了一本维生素史呢。) 所以你可能会认为，我现在的时间管理技能肯定已经炉火纯青了。

但其实在过去几年里，情况反而变得更糟了。我的注意力持续时间变短了，记忆力好像衰退了，专注点也总是游移不定。当然，这些情况有的可能是因为年纪增长带来的大脑变化。不过，我越想就越忍不住怀疑，这里面可能还有一个外部因素在起作用，那就是我的手机。

与我的成年生活相比，我的童年生活其实很少接触屏幕。我们家有一台电视机，我很喜欢在放学后看些动画片，但同时我也会在很多个周末上午躺在床上读《绿山墙的安妮》(*Anne of Green Gables*)，或者就这么看着天花板，什么也不干。我上高中的时候，家里有了第一台拨号上网的调制解调器，很快我就被美国在线公司 (AOL)，或者更准确地说，是被“青少年聊天室”(teen chat) 给迷住了。我在聊天室里玩得不亦乐乎，与匿名的陌生人调笑逗趣，给别人纠正语法，每次一玩就是好几个小时。等到我大学毕业，第一代手机（即“非智能手机”）开始普及。换言之，我是伴随着互联网成长起来的一代人，依然记得互联网诞生以前的世界的样子，而没有互联网的生活对我来说也是无法想象的。

2010 年我买了人生中的第一部智能手机，没过多久它就与我如影随形，我把它走到哪儿带到哪儿，时不时就得拿起来看一看，有时只看几秒钟，有时一看就是好几个小时。现在回想起来，其实还有很多其他变化同步发生：比如我读的书越来越少，和朋友相处的时间越来越少，花在爱好上的时间也越来越少，像是玩音乐这种让我心神愉悦的活动，我也很少做了。因为注意力持续时间的缩短，我很难在做其他活动的时候保持精神集中，就是做了也心不在焉。可是当时，我并没有想到这些事情可能和手机有关。

有时人们需要花很长时间才能意识到某段浪漫关系是不健康的，我也是花了很长时间才意识到我与手机的关系有些不太对劲。刚开始我注意到，自己经常拿起手机“只是为了查看一下”，等到一个小时过去，才忽地惶惑时间都去哪儿了。有时只是回复一条消息，结果连着半个小时都扎在你来我往的消息回复里，我感觉这比见面聊天还要费时费力，但是并不会让我觉得有多满足。有时会满怀期待地打开一个应用程序，结果它并没有给我想要的满足，却让我失望不已。

做这些事情本身其实并没有什么错，真正让我感到不对劲的是，我竟然时不时地就会做这些事，而且毫无意识；它们取代了那么多的现实生活体验，又让我感觉那么糟糕。玩手机本来只是想要安抚自己，可是我经常偏离本意，没能止步于安抚，而是开始变得麻木。

我意识到自己患上了某种身体“抽搐”：每次给正在编辑的文档点完“保存”后，我都会自动去拿手机查看电子邮件；每当我要等待的时候，比如等个朋友、医生或是等电梯，我一定会把手机拿在手里。我发现自己在聊天过程中时不时就瞅一眼手机［这种习惯如今早已非常普遍，人们甚至还为其创造了一个新词：“低头症”（phubbing），意即“低头玩手机而怠慢了别人”（phone snubbing）］，很容易就忘记了别人怠慢我的时候，我会有多恼火。我总是不自主地要拿起手机，无法自拔，这大概是为了不错过什么重要的事情吧。可是真要评估这些事情，那绝对跟“重要”二字沾不上什么边。

更重要的是，查看手机非但不能缓解我的焦虑，反而几乎总是导致焦虑。我会在睡觉前看一会儿手机，要是在收件箱里看到一封压力十足的电子邮件，我会躺一个小时也睡不着，心里担忧着本来应该在第二天早上才要去想的事情。我拿起手机，想让自己缓个神，结果是熬到筋疲力尽、焦躁不安。我总说自己工作之余无暇追求什么兴趣爱好，但其实呢？

不止如此，从地图导航到决定吃饭的地方，生活中方方面面对手机 App 的依赖度都在不断提高，这让我不由得担心“锤子定律”手机版就要上演，定律的原话是“如果你手里只有一把锤子，你就会把所有的问题都看成钉子”，换成手机版则变成了：对手机引导生活依赖得越多，就越不能在没有手机的情况下，独立地引导自己的生活。

《美国压力》报告的统计数据表明，有这种担忧的远不止我一个人。所以我决定借由这份好奇心做一个专题。我想了解手机对我的精神、社交和身体产生的影响。我想知道智能手机是否正在让我变得愚蠢。

然而，一开始的研究调查工作并没有取得太大进展。因为我太容易分心了。事实上，我最早写的那些关于智能手机的日志，读起来就像是有注意力障碍的患者的日记一样。前面还在怒斥着那些边发短信边横穿马路的人，写着写着就跳到了对某款手机软件的介绍，说这款软件通过委托你照看一片数字森林来阻止你刷手机之类的，然后又写到了自己身上，主动承认自己一边胡乱记着这些杂乱无章的想法，一边还抽空去网购了三件运动内衣。

直到后来成功控制了注意力以后，我发现有证据表明：注意力持续时间的缩短与智能手机等无线移动设备［wireless mobile devices，WMDs；一些研究人员将其戏称为“大规模杀伤性武器”（WMDs，weapons of mass destruction）］的使用时间确实存在关联。[⊖]虽然对这些设备的研究尚处于早期阶段（这倒不足为奇，毕竟它们出现至今不过也才十多年时间），但目前的已知情况表明，长时间使用这些设备能够改变我们大脑的结构和功能，包括影响我们形成新记忆、深入思考、集中注意力、吸收和记忆所读内容的能力。多项研究显示，大量使用智能手机（尤其是用于社交媒体）会对神经质、自尊、冲动、同理心、自我认同和自我形象等方面产生负面影响，还会导致睡眠问题、焦虑、压力和抑郁。[11]

说到抑郁，确实有件事挺让人沮丧的，那就是许多研究人员得出结论：智能手机正在对我们（特别是青少年）与其他现实生活中的人的交往（或者更确切地说，是对这种交往的减少）产生巨大影响。原本现实中的社交搬到了手机屏幕上，其所产生的心理影响相当严重，以至于《i世代》(*iGen*)(全称“iGeneration”，即伴随智能手机长大的一代人）一书的作者简·腾格（Jean Twenge）这样总结道：“要说i世代处于数十年来心理健康危机最为严重的边缘，这一点儿也不夸张。”[12]腾格研究代际差异已经有25年了（而且她表示从未见过像现在这样，代际的巨大变化如此之多，发生得如此之快），她认为“产生这种恶化的原因，大多可以追溯到智能手机上”。

⊖ 其实这本书或许更应该叫作《无线移动设备断舍离》(How to Break Up with Your Wireless Mobile Device)，因为平板电脑也能导致类似的问题，而且智能手机很快就会被其他东西取代。我会继续使用目前这个书名，但是你可以随意将“手机”换成其他任何无线移动设备，只要你们之间有关系存在。

通过学习书面语言的历史，我了解到阅读行为本身可以通过鼓励深入思考来改变大脑，这里的阅读说的是读书，而不是读那些列表文章。在调查了目前已知的相关情况以后，我了解到互联网信息呈现方式如何威胁我们的注意力持续时间和记忆力，特别是让人爱不释手的智能手机如何被故意设计成这样（以及谁能从中获利）。我还阅读了习惯、成瘾和神经可塑性相关的资料，了解到智能手机如何影响原本心理健康的人，使其出现精神问题迹象，如自恋、强迫症和注意缺陷多动障碍。[13]

此外，我还回顾了自己多年来所做的采访和写过的有关身心健康的文章。了解得越深，我就越能开始意识到我与我的手机“伴侣”处于失调关系中：他（或者应该说是“它”）就是有这种魔力，让我感觉自己糟糕的同时，又能让我不断回归其怀抱。学习得越多，我就越相信对设备的这种依赖不是什么鸡毛蒜皮的小事，它真的是一个问题——甚至可以说，这是一种社会成瘾问题，而我们必须对此采取一些措施。

然而，无论我多么努力地寻找，都没有找到我想要的东西：解决方案。有的书籍和文章提供了一些技巧和窍门，主张通过某些限制或约束手段来减少手机使用时间。但是眼前的问题要复杂得多，这些措施总感觉治标不治本。

我发现人们拿起手机的原因有很多，有时单纯是出于实际需要，有时则是下意识行为，还有的时候竟然是因为深层情感需求。

如果只是简单地告诉自己少花点儿时间玩手机，就好比跟自己说，别再痴迷于那些对我们有害的人——真是说起来容易做起来难，也许还得配上一个好的心理治疗师才可以，或者至少需要一个考虑周到的计划。但是，这样的计划目前好像还没有在其他地方见过，所以我决定自己创建一个。

我的第一步就是亲自做一个试验：我和我丈夫决定尝试 24 小时“数字戒毒”，在这 24 小时里不玩手机、不碰其他所有联网设备。于是在一个周五的晚上，我们坐下来准备吃晚餐，我点了一支蜡烛，我们看了手机最后一眼，然后关机（一直关着），直到 24 小时以后。同时我们也避免使用平板电脑和台式电脑。从周五晚上到周六晚上，我们彻底脱离了手机。

这次体验真是让我大吃一惊，不仅体验本身足够新奇，而且它带来的感受也非同一般。起初，我们一直忍不住想去拿手机，还自我开脱说是因为担心错过什么重要电话或信息，可要是诚实面对自己，这其实就是一种依赖的表现。不过，我们还是克制住了这种冲动，等到最后终于可以开机的时候，我们却又惊讶地发现自己不太情愿开机——我们的态度转变竟是如此之快。这次体验非但没有给我们带来压力，反而让人感觉活力焕发，所以我们决定再做一次。

我们把这一仪式称为“数字安息日”（digital Sabbath）[㊀]，

㊀ 安息日（Sabbath）：犹太教、基督教每周一次的圣日，教徒在该日停止工作，犹太教徒是周五晚到周六晚，大多数基督教徒是周日。——译者注

等到做完第二次、第三次以后，我们便适应了节奏，也解决了各种问题。没有手机来分散我们的注意力，时间似乎变慢了。我们会散散步、读读书、聊聊天。我觉得自己更健康也更踏实了，仿佛重新找回了丢失的部分自我，而在这之前，我甚至没有意识到它丢失了。有趣的是，安息日的影响似乎能够持续好几天，脱离数字产品带来的这种“宿醉感”真的很不错。

于是我还想在数字安息日以外的其他几天里也尝试改变与手机的关系，看看能否让这些积极的感觉更加持久。但是，怎么做才能避免出现突然戒断的反应呢？我不想被手机控制，但我也清楚自己并不想完全放弃手机。真要这样，未免有些因噎废食了。

所以不是要非此即彼，而是要平衡。我想和手机建立一种新的关系，在这种关系中，我可以利用手机获取必要的帮助与乐趣，但同时我也不会陷入无意识刷手机的旋涡中。为了建立一种新的关系，我意识到自己需要从目前的关系中后退一步。我需要时间，需要空间。我需要和手机“分手”。

当我告诉别人我要和手机“分手”的时候，他们没问我这是什么意思，也没问我为什么要这么做。相反，他们几乎一字不差地回了同样的话：“我也需要这样做。”

我决定寻求他们的帮助。我发了一封招募志愿者的电子邮件，而且很快就招募了将近 150 名实验对象，他们的年龄从 21 岁到 73 岁不等，所属地区涉及 6 个国家和美国 15 个州，职业种类涵盖教师、律师、医生、作家、商人、公关、家庭主妇、数据专家、计算机程序员、编辑、专业投资人、非营利组织董事，还有一些个体经营者，包括珠宝制造者、平面设计师、音乐教师、私人厨师和室内设计师。

基于此前对正念、习惯、选择架构、分心、专注、注意力、冥想、产品设计、行为成瘾、神经可塑性、心理学、社会学和颠覆性技术[⊖]发展历史的研究，我设计了阅读材料和作业。我先自己尝试了一遍，然后把它们发送给我的实验对象，向他们征求反馈和建议，并将其纳入计划。

我没想到的是，大家的回复都很直接坦率，实验过程中也出现了很多普遍的情况。在小组实验结束时，我得出了三个结论。第一，这个问题很普遍：许多人担心自己对手机上瘾。第二，尽管有人唱反调，但我们仍然有能力戒除这种成瘾。第三，与手机“分手”不仅有可能改变你与手机的关系，还有可能改变你的生活。

我们永远不会去和手机“分手”，除非我们意识到这样做至关重要。这就是本书的第一部分“觉醒”的意义所在，目的就是要吓你一跳。这部分综合讲述了手机是如何被设计成让人爱不释手的，为什么要这么设计，以及长时间玩手机会对我们的人际关系和身心健康产生什么影响。换句话说，这是“分手”的一部分，

⊖ 对原有的科技有激烈及重大冲击的新科技，如电脑和互联网等。——译者注

就像是某天晚上，你的好朋友在酒吧里把你拉到一边，然后开始列举你的男朋友或女朋友带给你的所有痛苦，一开始你会说：“别管我！这是我的生活！”但是谈话最后，你终于意识到朋友们是对的，然后你开始惊慌失措，因为你不知道该怎么办。

本书的第二部分“分手”会告诉你该怎么做。这是一个为期30天的计划，旨在帮助你与手机建立一种全新的、更加健康的关系。别担心，除了一个24小时的“试分手”以外，我不会要求你和手机分开。相反，我会提供一系列练习，旨在顺利引导你建立一种适合自己的关系，既可持续又能让你感觉良好。

我还引用了很多体验过这一计划的人所说的话，借此给予你鼓励和启发。(我对部分人的姓名做了更改，以便保护他们的隐私。)

在我写这本书的时候，我突然想到可能会有两类人读这本书：一类是自己买来读的人，另一类是被关心自己的朋友、父母、亲戚、室友、配偶赠送这本书的人，这类人可能并不完全“感激”别人送的这份“礼物”。

对于第二类人，我很抱歉：别人告诉你他觉得你有问题，这肯定不是什么值得高兴的事。但我要告诉你一个秘密：送你这本书的人，可能他们自己也对手机上瘾了。即使他们的情况没有那么糟糕，你肯定也听说过别的人因为重新评估了自己与手机的关系而受益匪浅。因此，我鼓励你阅读这本书，看看是否会与书里的某些想法产生共鸣。等你看完以后，你可以把它还给送你的人——也许还可以附上一张手写的便条："轮到你了"。

不管你是谁，不管你为什么这样做，与手机"分手"肯定会遇到挑战。你需要自我反省和决心，从这个精心设计让你欲罢不能的设备手中夺回你的生活。

不只是我，还有其他与手机成功"分手"的人可以向你证明，一切都是值得的。和手机"分手"，不仅可以帮你与科技产品建立更加健康的关系，而且会对你生活中的很多领域产生影响，也许你根本想不到手机竟然可以触及这些领域。越是了解你与手机之间的关系，你就越能注意到手机之外的世界，以及你错过了多少美好。与手机"分手"可以让你重新找回丢失的那份自我，它会告诉你真正的生活不会发生在屏幕上。快去找回吧，越快越好。

第一部分

觉醒

HOW TO
BREAK UP
WITH YOUR
PHONE

每隔一段时间就会出现一个改变一切的革命性产品。[1]

——史蒂夫·乔布斯（Steve Jobs），

于2007年初代iPhone手机发布会

> 每当你去查看 Instagram 上的新帖子，或者翻一翻《纽约时报》（*New York Times*）有没有新鲜事儿，其实都不是为了看内容本身，只是为了看个新鲜罢了。你对那种感觉上瘾了。[1]
>
> ——阿兹·安萨里（Aziz Ansari）[㊀]

01 第 1 章 手机就是为了让我们上瘾而设计的

人们难免会觉得，智能手机不过就是一项新科技，跟许多其他的产品一样，刚出现的时候总会让人惊恐不已。像是电报、电话、收音机、电影、电视、视频游戏，甚至是书籍，在刚推出的时候都曾引起恐慌，可最后人们发现它们的危害性并没有所想的那么严重。

㊀ 印度裔美国喜剧导演和演员，代表作品有《公园与游憩》《无为大师》，曾获艾美奖和金球奖。——译者注

虽然我们不应该危言耸听，但史蒂夫·乔布斯是对的：智能手机真是非同一般。显然，手机有许多不同于其他科技的好处。但同时，手机也会跟我们唱反调，烦扰我们，在我们工作的时候打搅我们。手机需要我们的关注，当我们给了它关注时，它就会给我们奖励。手机还会各种扰乱我们，而这些扰乱行为一般只会出现在那些极其讨厌的人身上。更重要的是，手机为我们打开了通向整个互联网的大门。而且，不似过去那些科技，手机跟我们真是寸步不离。

智能手机也是最早的专门设计来消耗我们时间的流行科技之一。用谷歌前产品经理特里斯坦·哈里斯（Tristan Harris）的话来说："20 世纪 70 年代，在你电话的另一端，可没有像现在这样，有上千名工程师在不停地重新设计……只为让它更加打动你的心。"[2] 如今，哈里斯正致力于提高人们对科技设备的认识，让我们知道这些设备是如何设计出来操纵我们的。

也许这就是推出 iPhone 的乔布斯限制自己孩子接触苹果产品的部分原因吧。当时《纽约时报》的科技记者尼克·比尔顿（Nick Bilton）问乔布斯，他的孩子们是否喜欢 iPad 时，乔布斯回答道："他们没有用过 iPad，在家里我们会限制孩子使用科技产品。"[3]

微软创始人比尔·盖茨和他的妻子梅琳达（Melinda）也是如此，他们的孩子直到 14 岁才用上手机。[4] 事实上，比尔顿表示，许多首席技术执行官和风险投资家都会"严格限制孩子的屏幕使用时间”，他认为这表明了“这些科技 CEO 们似乎知道一些我们其他人不知道的事情”。

越来越多的心理健康专家得出结论，这个所谓的“我们其他人不知道的事情”就是成瘾的风险。“成瘾”这个词听起来可能有点儿不太合适，毕竟我们是在谈论一种设备。但并不是所有的成瘾都是针对成瘾物质或者酒精，我们也会对某些行为上瘾，比如网络游戏，甚至是运动。[5]成瘾程度有轻有重，对某些事物的成瘾可能并不会毁掉你的生活。

成瘾可以被定义为，不计消极后果地持续寻求某些事物。加拿大精神科医生诺曼·道伊奇（Norman Doidge）在《重塑大脑，重塑人生》（*The Brain That Changes Itself*）一书中这样解释成瘾的一般特征：“成瘾者表现出对这种活动的自我失控，不顾消极后果，强迫性地寻求这种活动，而且耐受性不断提高，于是他们需要的刺激水平也越来越高，这样才能获得满足，如果不让他们完成成瘾行为，他们就会出现戒断反应。”[6]

这种描述似乎正好符合许多人对智能手机的感受。而且事实上，很多科技公司自身对“成瘾”这个词似乎就挺受用的［例如，微软加拿大 2015 年出具的《消费者洞察》（Consumer Insights），其中有一整页的信息图表，标题就是“科技成瘾行为日趋明显，加拿大年轻人更是如此”（Addictive Technology Behaviors Are Evident, Particularly for Younger Canadians）］。[7]如果你不喜欢“成瘾”这个词也没关系，你可以随便换个词。不过重点在于，当我们查看手机时，大脑会分泌许多令人愉悦的化学物质，大脑的奖励回路也会被激活，这些同样也是成瘾行为的促进因素。

还有一点在于，革命性科技并不会像乔布斯所说的那样只是“不期而至”，它们是被精心设计出来的。手机和应用程序开发公司不仅清楚其产品对人们神经系统的影响，而且为这些产品包装了各种功能用于引发这些影响，而其目的也十分明确，那就是让我们在设备上消耗时间和注意力，越多越好。业界将此称为“用户黏度”。那为什么公司如此关心用户黏度呢？因为这就是他们的赚钱之道。关于这一点我们稍后将更加详细地讨论。

当然，这并不是说科技公司在有意伤害用户（相反，许多供职于这些公司的人肯定想让世界变得更好），而是需要注意到，让智能手机变得好玩又好用的这些功能，恰恰就是造成手机潜在问题的罪魁祸首。去除手机成瘾的可能性，就等于抹去人们喜欢手机的一切理由。

不过话说回来，既然有那么多的科技高管限制自己的孩子接触手机，那么这就表明，他们并不认为手机的好处总是大于风险——至少他们觉得还是有必要保护家人免受这些设备的伤害，尽管这是他们自己设计的。这不就是硅谷版的“永远别对自己的产品上头”吗？

就像成瘾物质随着时间的推移会变得越来越强大一样，行为反馈的刺激也是如此。现在的产品设计师比以往任何时候都要聪明。他们知道如何引起我们的兴趣，如何促使我们使用他们的产品，而且不止使用一次，而是一次又一次。[1]

——亚当·奥尔特（Adam Alter），《欲罢不能：刷屏时代如何摆脱行为上瘾》（*Irresistible: The Rise of Addictive Technology and the Business of Keeping Us Hooked*）

02
第2章
不停刺激多巴胺分泌

为了最大限度地延长我们使用设备的时间，设计师们利用明确可以诱发成瘾行为的技巧来操纵我们大脑的化学反应。

其中大多数技巧都涉及一种叫作“多巴胺”的大脑化学物质。多巴胺有许多作用，但就本书的目的而言，我们需要了解的最为重要的一点就是，通过激活大脑中与愉悦相关的受体，它会教我们把某些特定行为与奖励联系起来（想想那个实验：老鼠每次按压杠杆就能获得一个食物球)。多巴胺让我们感到兴奋，而我们喜欢兴奋。因此，任何促使多巴胺分泌的体验，我们都会想要再次尝试。

但是，还不止这些。如果某种体验持续促使多巴胺分泌，那么我们的大脑就会记住这种因果关系。最终，大脑只要一想到这一体验就会分泌多巴胺。换言之，大脑会在期待中分泌多巴胺。

期待满足感的能力对我们的生存至关重要，比如它会激励我们去寻找食物。但它也会引起渴望，而且在更极端的情况下还会导致上瘾。如果你的大脑知道看手机通常会获得奖励，那么只要它一想起手机，就会很快分泌多巴胺。于是你会开始渴望手机。(有没有发现，看到别人查看手机会让你也想查看自己的手机？)

有趣的是，这些“奖励”可以是正面的，也可以是负面的。有时候我们拿起手机是希望或期待有好事在等着我们。但同样地，我们也会经常拿起手机来帮助自己避免一些不愉快的状态，比如无聊或焦虑。不过这些都不重要。一旦我们的大脑学会了将查看手机与获得奖励联系起来，我们就会非常非常想看手机。我们仿佛变成了实验室里的老鼠，不断地通过按压杠杆来获取食物。

幸好我们对食物的渴望会随着饱腹感的产生而自然消退（否则我们的胃可能会撑爆)。但是，手机和大多数应用程序都经过了精心设计，即使我们玩够了也不会给我们“停止提示”——这就是为什么我们很容易一不留神就放纵过度。从某种程度上来说，我们其实知道这样玩下去会让自己感到厌恶。但是大脑并没有让我们停止，而是决定寻求更多的多巴胺。于是，我们再次打开手机，一次又一次。

当这种情况发生的时候，我们会倾向于将自己的放纵归咎于缺乏意志力，这也是自责的另一种说法。但我们没有意识到的是，科技产品设计师故意操纵我们的多巴胺反应，使我们很难停止使用他们的产品。这种被称为“大脑黑客”（brain hacking）的行为本质上就是基于大脑化学反应的行为设计，一旦你了解如何识别这种伎俩，你就会发现手机上处处可见。

2017 年，美国电视节目《60 分钟》（*60 Minutes*）播出了记者兼作家安德森·库珀（Anderson Cooper）和拉姆齐·布朗（Ramsay Brown）之间的精彩访谈。拉姆齐·布朗创立了一家名为“多巴胺实验室”（Dopamine Labs）的初创公司，该公司为手机应用公司编创了这种“大脑黑客”的代码。拥有神经科学专业背景的布朗（需要强调的是，他看上去是一个体贴无害的人）解释称，代码的目标就是让人们沉迷于一款应用程序，方式就是精确计算应用程序应当在何时用何种方式“让你感觉格外良好”。

布朗举了 Instagram 的例子，他说 Instagram 创建的代码故意不让用户实时看到新的“点赞”，目的就是尽量在最有效的时刻突然向用户发送一堆新的“点赞”，因为看到这些“点赞”会让你打消关闭应用程序的念头。布朗口中的“你”可不就是你吗。

他向安德森·库珀解释道：“其中有一个算法可以这样预测：

嘿，对于现在这个231号实验中的实验对象79B3号用户来说，我们认为如果给他这个刺激而不是那个刺激，就能让他的行为进一步强化……你就是一组对照实验的一部分，这种实验实时发生在你和数百万人的身上。”

“我们是实验对象？”库珀问道。

“是的，你们就是实验对象，”布朗说，“你们是盒子里不停按压按钮的豚鼠，不时能够得到那些‘点赞’。他们这样做是为了把你们留在盒子里。”

有意思的是，作为为数不多的同意在《60分钟》节目上公开发言的科技业内人士之一，布朗还开发了一个名为“Space”的应用程序，通过设置社交媒体应用程序延迟打开12秒来促使人们减少使用手机的时间。布朗把这称为“禅宗时刻”（moment of Zen），目的就是给人们一个改变主意的机会。

然而，应用商店最初拒绝上架这款“Space”。[2]“他们不让应用商店上架它，因为他们告诉我们，任何促使人们减少使用其他应用或苹果手机的应用程序都不能在应用商店发行，”布朗说道，“他们不想让我们发布这种让人们减少手机上瘾的东西。”[㊀]

㊀《60分钟》后来报道称：“在我们的节目播出几天后，苹果公司打电话来告诉我们，他们改变了主意，同意在其应用商店提供‘Space’下载。”

史上从未有过这种情况，三家公司[㊀]旗下的一小部分设计师（大多为白人男性，居住在旧金山，年龄25～35岁），他们的决策竟然对全世界数百万人的注意力消耗方式产生了如此大的影响。[1]

——特里斯坦·哈里斯（谷歌前员工和设计伦理学家）

03 第3章 操控我们的伎俩

我们对自己的多巴胺反应了解得越清楚，就越能够在看到"大脑黑客"行为发生时将它们识别出来。那么，让我们从手机的角度来看看我们的某些心理怪癖以及它们是如何用于操纵我们的。

㊀ 三家公司是指苹果、谷歌、Facebook。——译者注

我们都对新奇感上瘾

你了解恋爱关系里渴望与对方共度时光的那种兴奋的感觉吗？这也是多巴胺的作用——每当我们经历新的体验时，大脑就会分泌多巴胺。

可是，一旦新奇感逐渐消失，多巴胺的分泌就会减少。这就是恋爱关系进入蜜月之后的阶段，这时候往往会出现关系中的一方被甩的情况。但我们永远也不会甩掉我们的智能手机，就连想都没想过，因为手机（和应用程序）的设计目的就是不断地为我们提供新奇感，从而不断地刺激多巴胺。

感到无聊或焦虑？查看一下电子邮件。什么都没有？那就看一下社交媒体。还不满足？那就看一下另一个社交媒体，之后或许还可以再看看另一个。点赞几篇帖子，关注一些新朋友，再看看那些人有没有回关。要不再看一下电子邮件？以防万一嘛。在手机上玩几个小时轻轻松松，各种应用可以不重样地玩，每次注意力集中也不超过几秒钟。

值得指出的是，多巴胺引起的兴奋与实际的幸福并不相同。但是，我们的大脑可不听这一套。

我们都是蹒跚学步的孩子

任何与两岁孩子相处过的人都知道，蹒跚学步的孩子对因果关系很着迷。比如，打开墙上的开关，灯就会亮起来；按一下按钮，门铃就会响起来；哪怕只是表现出来一点点想玩电源插座的意思，大人也会赶紧跑过来阻止。

这个特质永远不会因为我们长大而消失：无论多大年纪，我们都会很喜欢自己做的事情获得反应。在心理学中，这些反应被称为“强化”（reinforcements），我们在做某件事的时候，得到的强化越多，我们就越有可能再做一次。（奇怪的是，获得的反应不一定非得是积极的。当小孩子把橡皮泥放进嘴里的时候，你可能会以为责骂他就能阻止他继续这样做——相信我，根本阻止不了。）

我们的手机里充满了各种不易察觉的积极强化，这些强化会促使多巴胺分泌，好让我们不停地重返手机寻求更多。点击一个链接，就能打开一个网页；发送一条信息，“呜”的一声发送提示音让你心满意足。所有这些强化慢慢积累起来，给我们带来了一种愉快的控制感，而这反过来又让我们玩手机玩到停不下来。

我们无法抗拒事物的不一致性

你也许会以为让我们痴迷于看手机的最佳方式是确保手机里总是有好事在等着我们。

然而，真正让我们上瘾的不是一成不变的一致性，而是不可预测性——知道事情可能会发生，但不知道什么时候发生或者是否一定会发生。

心理学家将不可预测的奖励称为“间歇强化”（intermittent reinforcements）㊀，而我称之为“和混蛋约会的原因”。不管用什么术语来描述，这种不可预测性几乎融入了我们手机上的每款应用程序。

当我们查看手机时，我们不定期会发现一些令人满足的东西：一封满溢赞美的邮件、一条爱慕之人的信息、一则趣味十足的新闻。由此产生的多巴胺泛滥使我们开始将查看手机的行为与获得奖励联系起来。不可否认，有时出于焦虑查看手机确实能让你安心。

一旦这种联系建立起来，即使获得奖励的概率只有 1/50 也无所谓了。在多巴胺的作用下，我们的大脑记住了这 50 次当中的一次。我们无法预测这 50 次查看中的哪一次会有奖励，这一点非但没有劝阻我们，反而增加了我们查看手机的次数。

想知道另一种利用间歇性奖励来促成强迫行为的设备吗？老虎机。

事实上，这两款设备之间的相似之处如此之大，以至于哈里斯经常将智能手机比作被揣在兜里的“老虎机”。

他在一篇题为《科技如何劫持你的思维》（How Technology Is Hijacking Your Mind）的文章中解释道：“当我们把手机从口袋里掏出来时，我们就像在玩老虎机，想要看看能否获得奖励。”[2]

㊀ 一种偶然地或间歇地、不是每一次都对所发生的行为进行强化的方法。——译者注

“当我们向下滑动手指浏览 Instagram 动态时，我们就像在玩老虎机，想要看看下一张照片是什么。当我们在交友软件上向左或向右滑动人脸图像时，我们就像在玩老虎机，想要看看是否有对象匹配。”

老虎机利用了专门设计的奖励方式来促成强迫行为，它是发明史上最让人上瘾的设备之一，如果你认识到这一点，你就会明白哈里斯的观察结果格外令人不安。

我们讨厌焦虑

从进化的角度来说，焦虑很重要，因为它具有很大的激励作用（对食物感到焦虑的狮子比不慌不忙的狮子更有可能存活下去）。但它也很容易被触发，而且可能会成为我们的压力，尤其是当它无法被解决的时候。

据加州州立大学多明格斯山分校（California State University, Dominquez Hills）的心理学家拉里·罗森（Larry Rosen）所说，每当我们拿起手机时，手机都会通过提供新信息和情绪触发因素来故意激起焦虑。这会导致我们担心一放下手机，哪怕只是一秒钟，我们都可能会错过一些东西。[3]

对于这种焦虑，有个词语叫作“错失恐惧症”[fear of missing out，FOMO；还有一个多被人们忽视的词与之相对，叫作“错失的快乐”（the joy of missing out，JOMO）[㊀]，请勿混淆]。人类一直遭受着“错失恐惧症”的折磨。但在智能手机出现之前，我们并没有什么方法可以轻易发现自己错过的所有东西，这一点保护了我们免受“错失恐惧症”的全面感染。一旦你离开家（没有了固定电话）去参加一个派对，你就无法知道另一个在同一时间举办的派对是否会更有趣。不管是好是坏，你都只会惦记眼下的这个派对。

智能手机不仅让我们很容易就能发现错过的东西，而且会借由各种通知像打喷嚏一样朝我们喷洒“错失恐惧症”。于是我们开始相信，保护自己的唯一方法就是不断地查看手机，确保没有错过任何东西。可这非但没有帮助我们缓解手机诱发的“错失恐惧症”，反而加重了这种心理，以至于每次我们放下手机时，肾上腺就会分泌大量皮质醇——一种在战斗或逃跑反应中起着重要作用的应激激素。皮质醇让我们感到焦虑，而我们不喜欢焦虑。所以，为了减轻焦虑，我们拿起了手机。我们暂时感觉好一点儿了，于是放下手机，结果又焦虑了。感染了“错失恐惧症”以后，我们便不断地拿手机、看手机、刷手机，试图借此来缓解焦虑，可是这样做只会强化我们的习惯回路，进而增加焦虑。

㊀ 这个词语可以用来描述某类人乐得自在的生活状态，这类人通常拒绝参加无意义的社交活动，也不愿忙于在社交平台上留言、点赞、关注他人的生活。——译者注

我们渴望被爱

人类是社会性动物，我们都拼命地想要找到归属感。

就在不久以前，这种肯定（或否定）还是来自现实生活中的人，就像我上中学的时候，一群所谓的朋友对我们班同学的受欢迎程度进行打分，评分标准是 1～10 分，而我被评了个 –3 分。

要知道，1～10 分的标准是不包括负数的。更重要的一点是，当时这个评定是当着我的面宣布的，而且相对私密，可是如果放到今天，这个结果就会被发布在网上，供所有人查看，甚至投票。无论是优步（Uber）打车的评分还是社交媒体的“点赞”，当今许多最受欢迎的应用程序都积极鼓励用户相互评判。

这些产品特点并不是偶然出现的。产品设计师们知道人类生来就渴望获得肯定，我们受到他人评判的方式越多，就越是忍不住要关注自己的分数。在《欲罢不能》这本书里，亚当·奥尔特形容 Facebook 的“点赞”设计给人们带来的心理影响“再怎么夸大也不为过”。[4] 正如他所说：“一篇点赞数为零的帖子不只是私下里的痛苦，简直就是一种公开‘处刑’。”

我们非常看重这些评判，这一事实本身就是有问题的，就好像为什么我还要记着那件受欢迎程度的打分事件呢？明明已经过去超过 25 年了。但毫无疑问，这些评判就是如此重要。

特别奇怪的是，我们不仅关心别人的评判，而且会主动让别人评判。我们发布照片和言论，就是想要告诉别人我们讨人喜欢、受人欢迎，我们的存在是重要的，然后我们会着魔般地不停看手机，想知道别人或者至少网络中的别人是否认可我们。(即使我们知道自己会营造这些动态来让我们的生活尽可能显得精彩有趣，我们还是会忘记别人也会做同样的事。)

综上所述，花大量时间在社交媒体上可能与抑郁和低自尊有关，这一点是可以理解的。[5]但是我们故意选择重温中学那种最糟糕的被人评判的经历，这就说不通了。

我们很懒

很多视频网站可以自动播放你的（或者更确切地说，是“它们的”）列表中的下一个视频或下一集，这样的设计是有原因的：顺流而下总比逆流而上要简单。如果你正在观看的节目播完了一集，过五秒钟以后自动播放下一集，这样你就不太可能停止观看。(某些平台允许你禁用此功能。请尝试一下，看看它是否会影响你观看视频的数量。)

我们喜欢当珍贵的雪花㊀

人类喜欢感觉自己是特别的，这就是为什么设计师们会给我们

㊀ “珍贵的雪花”（precious snowflakes）被用于形容受到家庭和父母悉心呵护、过度宠溺的孩子，甚至衍生出了“雪花一代”的说法。此处表示手机设计师们精心设计的各种个性化功能贴合了用户需求，用户喜欢这种满足感。——译者注

提供这么多实现手机个性化的方法。我们可以在主屏和锁屏上显示个人照片，也可以将喜爱的歌曲设置为铃声，还可以手动选择出现在资讯推送中的新闻类型。

这些功能使我们的手机更加有用，也更加有趣。但是，我们越觉得手机能反映出自我个性（以及我们的特殊性），就越想花更多时间在手机上。如果你仔细查看手机的个性化设置，将你能控制和不能控制的设置进行对比，你就会发现我们拥有很大控制权的那些功能正是让我们更有可能花时间玩手机的功能，而我们几乎无法控制的功能则对我们没有什么影响。

比如，我完全可以选择将手机语音助手的声音从一个美国女人的声音换成一个英国男人的声音，还可以让这个英国男人给我讲笑话。

但手机制造商花了好几年时间（至少打了一场官司[㊀, 6]）才开始为我们提供设置短信自动回复的功能，鉴于我们使用电子邮件假期自动回复的功能已经挺长时间了，自动回复这个功能算不上是一个革命性的想法。自动回复短信的功能不仅能让你更容易放下手机稍事休息，还能挽救生命，因为人们不用再出于担心让别人苦等回复而边开车边发短信。

㊀ 文章《苹果公司应对分心驾驶事故负责吗？》（Is Apple Liable for Distracted Driving Accidents?）中提到，美国得克萨斯州发生一起车祸，造成 2 人死亡、1 名儿童瘫痪，原因是司机驾驶时用苹果手机查看信息，受害者家属认为苹果公司应该对该事故负责并将其诉至法院。——译者注

事实上，你想得越多，就越有可能得出与特里斯坦·哈里斯相同的结论。他写道："我们越是关注所能获得的可选功能，就越能发现这些选项无法满足我们的真正需求。"[7]

我们需要自我疗愈

前面我们已经提到，想要感受快乐的反面是希望避免感觉糟糕，而且需要为此付出的努力越少越好。这就是为什么我们不去找负面情绪的根源，而是转向酒精……或者我们的手机。

马特·里克特（Matt Richtel）在《纽约时报》2017年的一篇文章中报道称，美国青少年饮酒等行为减少的趋势已经持续了十年。这真是个好消息——除非孩子们只是从一种潜在的成瘾行为换到了另一种。文章中引用的大多数专家得出的结论表明，答案很可能是肯定的。

文中引用了一位学校心理学家的话，他在谈到自己的女儿时说道："目前我认为她并没有沾染任何形式的毒瘾，（但是）她睡觉都得带着手机。"

我们害怕与自己的思想独处

如果说我们的手机有一件擅长的事情，那就是确保我们永远不必独处。

这真是谢天谢地。2014 年，弗吉尼亚大学和哈佛大学的研究人员在《科学》(*Science*) 杂志上发表了一项研究结果，这项由两部分组成的研究证明了我们为了避开自己的思想愿意付出多大的努力。[8]

在研究的第一项实验中，研究人员让志愿者们接受了轻微的电击，并问他们是否愿意付出代价以避免再次受到这种不愉快的电击体验。

其中有 42 名志愿者表示愿意为了不再受到电击而付出代价，研究人员将这些人单独留在极为简陋的房间里，不让他们上网或做其他任何可以分心的活动，并指导他们用思想自娱自乐 15 分钟。研究人员还告诉这些志愿者，如果他们愿意，他们可以按一个按钮，然后再接受一次电击，就是他们刚才所说的愿意付出代价不再经历的那种电击。

你觉得没有人会接受他们的提议，对吧？你错了。在 42 名参与者中，有 18 个人在 15 分钟的实验中选择电击自己。18 个！［而且不止一次。其中还出现一个离群值 (outlier) ㊀，这名参与者选择电击自己多达 190 次，这个细节无疑是该研究中我觉得最有趣的一点。］

“令人惊讶的是，”作者这样写道，“仅仅是与自己的思想独处 15 分钟，却如此明显地令人反感，以至于许多参与者愿意给自己施以电击，而他们之前明明说过自己可以为了避免电击付出代价。”

㊀ 也称逸出值、异常值，是指在数据中有一个或几个数值与其他数值相比差异较大。——译者注

小心带着礼物的极客们

综上所述，我们的手机就像数字版的“特洛伊木马”：看似无害的用品，实则装满了各种各样操控我们的伎俩，目的就是让我们放松警惕。一旦我们这样做了，我们的注意力就会任其夺取。后面我们就会看到，这是一个巨大的代价。

Facebook 涉足的监控业务甚至超过了它的广告业务。事实上，Facebook 是人类历史上最大的基于监控的企业。它对你的了解远远超过了有史以来监控力度最大的政府对其公民的了解。[1]

——约翰·兰切斯特（John Lanchester），英国记者，作家

04 第4章 为什么社交媒体糟透了

当我问人们哪一类应用程序他们觉得最有问题时，社交媒体是最常见的回答。这种应用程序的内容就像垃圾食品一样，人们很难对其停止食用，即使已经意识到它让人感到恶心。

它应该让你感到恶心。从刻意让人沉迷的设计到基于监控的商业模式，社交媒体简直就是“特洛伊木马设计”的典型代表：它旨在操纵我们去做我们原本不会做的事情，分享我们原本不会分享的

东西，这些往往会对我们的心理健康乃至整个社会产生负面影响。一旦你了解了社交媒体背后的力量，你或许也会开始对手机上的许多其他应用和功能产生不同的想法。

我们先来问一个问题：你有没有想过为什么社交媒体应用都是免费的？这并不是因为它们的创作者受到善心的召唤，想要帮助全世界的人分享他们的自拍，而是因为我们并不是真正的客户，社交媒体平台本身也不是产品。

广告商才是客户，用于出售的产品则是我们的注意力。

想想看：我们在社交媒体应用上投入的注意力越多，应用向我们展示赞助商信息的机会就越大。我们主动发布的信息越多，赞助商的帖子和广告就越个性化、越能吸引眼球，也越能盈利（对于社交媒体公司而言）。

用“多巴胺实验室”的创始人拉姆齐·布朗的话来说：“你不用给 Facebook 付费。广告商会付费的。你能免费使用，是因为你的眼球就是他们出售的产品。”[2]

正如我们前面提到的，这些广告商追求的是“参与度”（engagement），这是公司评估与其内容相关的点击、点赞、分享和评论数量的指标。[3] 参与度有时被称为“注意力经济的货币”[4]，广告商愿意为此花大价钱。2016 年，全球社交媒体广告支出为 310 亿美元，[5] 这个数字几乎是两年前的两倍。

换句话说，我们浏览社交媒体所使用的每一刻注意力都是在为别人赚钱。相关数据更是令人咋舌：《纽约时报》的一项分析报告计算出，截至 2014 年，Facebook 用户每天在该网站上花费的注意力时间合计 39 757 年。[6] 这些注意力没有被我们用在家人、朋友或自己身上。而且就像时间一样，注意力一旦被消耗，就永远无法收回了。

这一点真的很重要，因为注意力是我们拥有的最有价值的东西。我们只体验我们关注的，也只记得我们关注的。当我们决定此刻要关注什么时，我们其实是在做一个更广泛的决定，即我们想要如何度过这一生。

需要明确的是，把注意力花在社交媒体（或其他任何应用程序）上并没有什么错。设计师想要制作一款有趣、吸引人且有利可图的应用程序也无可非议。但作为用户，我们使用应用程序的前提应该是我们有意识地选择这样做，而不是受那些心理伎俩的操纵，去给别人赚钱。

社交媒体知道如何窃取我们的注意力

一旦你了解了社交媒体平台背后的动机，即窃取注意力和信息，你就会开始注意这些动机融入设计中的方式。

前面我们已经讨论过，“点赞”和评论功能不仅仅是为了帮助我们与其他人建立联系；它们之所以存在，是因为在社交互动中添加指标可以确保我们不断回去查看自己的“得分”。

社交媒体应用其实很容易通过设置“停止提示”的选项来帮助我们控制注意力消耗。应用程序可以让你选择只查看最近一小时或一天的帖子，或者让你选择设置时限，限制你想要查看动态的时间。但是，提供这样的选项可能会减少用户“参与度”，所以资讯动态被故意设计成了无限更新模式。尽管我们知道自己永远无法“看完”这些动态，但我们还是会不停地滑动页面，追求每一篇新帖子带给我们的多巴胺刺激。

社交媒体正在让我们陷入抑郁

也许社交媒体最令人不安的一个方面是，它会对我们与他人的现实生活关系产生影响，并由此影响我们的心理健康。

大多数人注册社交账号是为了保持自己与他人之间的联系感，但大量研究表明，我们使用社交媒体越多，我们的幸福感就会越低。2017 年，《美国流行病学杂志》（*American Journal of Epidemiology*）对同一组人进行了长期研究，希望确定社交媒体的使用是否真的会导致不快乐，而不是仅仅吸引那些本来就不快乐的人。[7] 研究结论指出，两者之间似乎确实存在因果关系。正如作者在《哈佛商业评论》（*Harvard Business Review*）上所描述的那样：“我们一致发现，点赞别人的内容和点击链接显著预测了随后自我报告的身心健康水平及生活满意度的下降。”[8]

《大西洋月刊》（*The Atlantic*）有一篇文章，其标题读来就已令人惴惴：《智能手机是否摧毁了一代人？》（Have Smartphones Destroyed a Generation?）。[9] 在这篇文章中，心理学家简・腾格提出了令人信服的证据，她表示：“智能手机的出现从根本上改变了青少年生活的方方面面——从社交互动的性质到他们的心理健康。”（虽然青少年属于这方面的极端例子，但我认为智能手机对其他年龄层的人也产生了同样影响。）

这篇文章提供了 1976～2016 年代表青少年各种行为趋势的图表，包括与朋友出去玩耍的时间、拿到驾照的年龄、约会、睡眠、性生活以及（最引人注目的）孤独感，这些图表都有一个共同点：2007 年以后的折线斜率发生了巨大变化，而这一年刚好是第一部 iPhone 发布的时间。

将这些数据综合起来分析，我们很难不得出与简・腾格相同的结论：“令人信服的证据足以表明，我们给到年轻人手中的设备正在对他们的生活产生深远的影响，并让他们感到极其不快乐。”正如她所说，如今的青少年在身体上可能比过去的青少年要更安全（例如，酒后驾驶的可能性更低），但这很有可能是因为他们活在“手机里、房间里，独自一人，时常苦恼不已”。青少年的抑郁症发病率正在提升，自杀率也是如此。

社交媒体是“老大哥”

想象一下，有人敲你的门，让你登记以下信息：你的全名、出生日期、电话号码、电子邮件地址、住址、教育经历、工作经历、关系状况、所有家庭成员和朋友的姓名和照片，你自己过去的照片和视频（越久远越好），你的旅行史，你最喜欢的书，你最喜欢的音乐，你最喜欢的一切。你会给吗？

在社交媒体上，我们自愿提供这些信息（甚至更多），几乎没有考虑过社交媒体公司会如何处理这些信息。正如 Facebook 前产品经理安东尼奥·加西亚·马丁内斯（Antonio Garcia Martinez）在其回忆录《混乱的猴子》（*Chaos Monkeys*）中所写：“目前市场营销中最重要的事情，也是 Facebook、谷歌、亚马逊和苹果公司内部产生数百亿美元投资和无尽阴谋的事情，就是如何将……不同的（信息）集合联系在一起，以及谁来控制这些联系。”[10]

Facebook 拥有的用户信息量着实令人震惊，加西亚·马丁内斯称 Facebook 是“自 DNA 以来最大的个人数据积累监管者”。[11] 我们大多数人都没有意识到的是，Facebook 不仅知道你在 Facebook 上所做的和分享的一切，而且借由 Facebook 的反应按钮和 Cookie 数据（存储在你电脑上的小型文本文件，方便企业跨网站跟踪你的活动），Facebook 还知道你访问过的许多网站、使用过的应用程序和点击过的链接。另外，通过与艾可菲（Equifax）㊀等外部数据收集

㊀ 创立于 1899 年，是美国三大征信机构之一，它收集并保存了全球超过 8 亿消费者和超过 8800 万家企业的信息。

公司的合作，Facebook 还能了解你线下生活的无数信息，包括（但不限于）你的收入以及基本上你用信用卡所做的每一笔交易。[12]

最后，我们需要了解社交媒体背后的动机还有一个更重要的原因：所有这些目标定位和个性化设计对整个社会的影响。

想到一家公司控制着如此庞大人群的海量数据，这可能会令人毛骨悚然，但从 Facebook 的角度来看，其唯一目的就是为 Facebook 赚钱。从积极的方面来看，这意味着 Facebook 会非常注意保护自己的数据，因为它很有价值。但消极的一面是，Facebook 本身没有任何理由需要关心其帮助广告商与我们分享的内容是否真实准确。

相反，其目标就是点击量。要想赚取点击量，帖子当然是越吸引人越好。

加上社交媒体应用程序上还能定向投放广告（在本例中，我们假设其投放的是假新闻故事）给最有可能点击并分享广告的人，将这两点结合起来就会发现，我们最终会遇到这样一种情况：我的新闻资讯中推送的故事可能与你的新闻资讯中推送的故事完全不同，而且可能没有一个故事经过审查，也就无法保证它们反映的是不同角度的事实。这种情况发生得越多，我们就越有可能创造出一个对“事实”不再有共同定义的社会。

大脑无法同时处理两种想法。看看你是否能同时思考两件事情。怎么样？可能吗？[1]

——慧敏法师（Haemin Sunim），《人生那么长，停一下又何妨》（*The Things You Can See Only When You Slow Down:How to Be Calm and Mindful in a Fast-Paced World*）

05 第5章 多任务处理的真相

为手机辩护最常见的一种说法就是，它让我们能够更好地进行多任务处理，从而提高效率。

可惜，事实并非如此。实际上并不存在多任务处理（即同时处理两项或两项以上需要注意力的任务）这种情况，因为我们的大脑无法同时处理两件需要认知能力的事情。㊀当我们以为自己在同时

㊀ 确实，我们可以边洗碗边听新闻，但这并非真正意义上的“多任务处理”，因为其中一项活动并不需要认知参与。

处理多项任务时，其实我们是在进行研究人员所说的“任务切换”。就像汽车急转弯一样，每当我们停止思考一件事并投入另一件事情中时，我们的大脑需要减速并切换“档位”，据估计每次这个过程都需要 25 分钟。[2]

我所说的不仅仅是工作中的多任务处理（尽管大多数人可能直觉上都清楚，在完成一项困难的任务时查看电子邮件对我们的工作效率并没有帮助），还包括我们整天都在做的那些小型的多任务处理：一边看电视一边看推特，一边通话一边查看电子邮件，甚至在排队点午餐的同时快速切换应用程序。你或许以为你能在听朋友说话的同时回复短信。但你不能。

事实上，我们经常快速转移注意力，以至于从来没有给自己足够的时间做好开始的准备。（你上一次花 25 分钟只做一件事是什么时候？）这不仅会让我们效率低下，还会影响我们思考和解决问题的能力，而且让人精神疲惫。

还不止这些。2009 年，由克利福德·纳斯（Clifford Nass）领导的斯坦福大学研究人员发表了一项开创性研究，他们在研究中评估了那些自称可以同时处理大量任务的人执行多种任务的能力。[3] 研究人员假设，多任务处理一开始可能会让人筋疲力尽，但随着时间的推移，它一定会让人们的大脑更好地处理某些事情。他们假设，那些可以同时处理大量任务的人在忽略无关信息、实现多任务之间的有效切换或组织记忆方面会比对照组表现得更好。但纳斯表示，研究人员错了。[4]

我们完全震惊了……事实证明，多任务处理者在每项任务上的表现都很糟糕。他们很难做到忽视无关信息，也很难将信息井然有序地记在脑子里。从一项任务切换到另一项任务，他们做得也很糟糕。

也许更糟糕？“有人会觉得，如果人们不擅长多任务处理，他们就会停止这样做，”纳斯说，“然而，当我们与多任务处理者交谈时，他们似乎认为自己在这方面做得很好，丝毫不觉得有什么问题，而且完全可以做得更多，越多越好。”

纳斯的结论是什么？“我们担心（繁重的多任务处理）可能会导致人们无法正常清晰地思考。”

这一点本身就很令人担忧了，如果再考虑到多任务处理（或者至少是尝试多任务处理）正是手机鼓励我们做的事情（更何况纳斯的研究是在第一代 iPhone 推出仅两年后发表的），那就格外让人忧心了。而且，通过缩短我们的注意力持续时间和削弱我们的记忆力，手机似乎也在损害我们的单任务处理能力。

就像一起放电的神经元会连在一起一样，不一起放电的神经元不会连在一起。当我们花在浏览网页上的时间挤占了我们花在阅读上的时间……支持这些旧的智力功能和活动的神经元回路就会削弱，并开始断裂。[1]

——尼古拉斯·卡尔（Nicholas Carr），《浅薄：互联网如何毒化了我们的大脑》（*The Shallows: What the Internet Is Doing to Our Brains*）

06 第6章 手机正在改变你的大脑

心脏和肝脏的结构一旦形成就不会发生很大变化。然而令人惊讶的是，直到最近科学家还相信我们大脑的物理结构以及单个神经元的功能同样是固定不变的。

后来人们才意识到，大脑是在不断变化的，更令人震惊的是，我们对这一过程有一定的控制权。

通过思考和实践，我们可以改变大脑的结构和功能，英国伦敦出租车司机就是最著名的一个例子。想要成为伦敦出租车司机的人必须要记住这座城市的行驶路线，其数量多到令人震惊，包括大约25 000条街道的名称和位置，320条城市常用路线，以及每条路线半英里（约0.8千米）内的各种“景点”。在正式获准上路之前，准出租车司机必须通过一项叫作“知识”（The Knowledge）的考试，这项考试名字简单，内容却非常全面。（是的，即使我们现在都有手机了，他们仍然需要通过这项考试。）

2000年，由伦敦大学学院教授埃莉诺·马圭尔（Eleanor Maguire）领导的一个研究小组发表了一项研究，他们扫描了伦敦出租车司机的大脑，并将他们的大脑与那些没有花费数月时间来记忆这座城市复杂路线的人进行对比。[2]研究人员发现，出租车司机大脑中负责空间记忆的区域（海马后部）要大于非出租车司机大脑中的同一区域。他们花在研究伦敦街道上的时间对身体产生了影响，他们的思想改变了他们的大脑。

更重要的是，一个人驾驶出租车的时间越长，也就是他练习记忆的时间越多，这一变化就越明显。

想想这一点。然后回想一下这个数据：截至2017年，美国人平均每天花在手机上的时间估计超过四个小时。

如果你每天花上四个小时做一件事，无论任何事，你都能做得很好。如果我每天花四个小时练习钢琴，我就能在一个月内完成我长久以来的目标，即视奏音乐。如果我每天花四个小时学习西班牙语，用不了多久我就能进行基本的对话。

就像伦敦出租车司机的大脑一样，我们的大脑也会对重复和练习产生强烈的反应。因此，我们很有必要研究一下，每天花在手机上的时间可能会训练我们发展出哪些技能，以及付出了怎样的代价。

我们玩手机的大部分时间里都没有聚精会神。相反，我们每次拿起手机的时间都只有几分钟或几秒钟。

即使在手机上花了很长时间，我们也不会专注于任何一项活动，而是不停地滑动切屏。

即使我们只使用一个应用程序，比如新闻应用或社交媒体，我们通常也不会专注于任何事情超过几分钟。每一条推文、消息、个人页面和帖子都会将我们的大脑引向不同的方向。最终我们就像水虫一样，在水面上蹦蹦跳跳，却从未潜入水中。

但这并不表示我们只是随随便便地将注意力放在手机上。相反，我们被手机吸引得彻彻底底。带来的结果却好像有些自相矛盾：一种注意力高度集中的分心状态。

事实证明，这种频繁的高度集中的分心会对我们的大脑造成持久的改变，它不只能够做到这点，而且对这一点还格外擅长。[3]

美国记者尼古拉斯·卡尔在其 2010 年出版的《浅薄：互联网如何毒化了我们的大脑》一书中写道："（如果）你打算发明一种媒

介，来让我们的大脑回路尽可能快速彻底地重塑，那么你最终可能会设计出一种看起来很像互联网，用起来也很像互联网的东西。”

现在，我认为我们可以更进一步：如果你想发明一种可以重塑我们思维的设备，如果你想让这个社会里的人持久分心、相互孤立、过度疲惫，如果你想削弱我们的记忆、损害我们专注和深入思考的能力，如果你想减少我们的同理心，如果你想让我们只关注自己，如果你想重新划定社交礼仪的界限，那么你最终得到的可能就是一部智能手机。

多屏切换浏览可以训练消费者，使其在过滤干扰方面的效率降低，并让他们越来越渴望新鲜事物。这就意味着有更多机会可以劫持其注意力。[1]

——《消费者洞察》，微软加拿大，2015 年

07 第 7 章 手机正在缩短你的注意力持续时间

关于注意力持续时间，我们首先要了解的是，注意力分散是一种默认行为。人类天生就容易分心，因为自然界中往往会存在一些试图杀死我们的事物。我们希望注意力能被环境的变化所吸引，因为这些变化可能预示着威胁。

但是，为什么盯着我们的手机比扫视周围环境谨防老虎出没还要令人分心，让人无法抗拒呢？在《一心多用》（*The Distracted*

Mind）这本书里，神经科学家亚当·加扎利（Adam Gazzaley）和心理学家拉里·罗森认为，其原因在于手机（以及互联网）满足了我们在进化过程中产生的一个怪癖：对信息的渴望。

“人类似乎表现出一种与生俱来的寻找信息的冲动，就像其他动物会自发寻找食物一样。”加扎利和罗森写道，“如今现代科技进步让这种‘饥渴’获得了极度的满足，因为这些科技让信息获取变得特别容易。”

换言之，我们的大脑喜欢寻找新信息和被新信息分散注意力，而且天生如此。这也正是手机鼓励大脑去做的事。

我们的大脑更喜欢分心而不是专注的原因之一在于，专注需要大脑同时做两件困难的事。

第一件是选择专注的内容。这项工作落在大脑前额皮质上，它负责所谓的执行（或“自上而下”）功能，如决策和自我控制。

在许多方面，人之所以为人，正是因为前额皮质的作用。如果我们不能控制自己的注意力，就无法进行抽象和复杂的思考。

但就像肌肉一样，如果我们要求前额皮质做太多的决定，它就会变得疲劳，这种情况被称为“决策疲劳”。当我们的前额皮质变得疲劳时，我们的注意力就会动摇，大脑也开始走神。我们失去了区分事情是否重要的能力。我们获得的信息越多，问题就越大。（作为我们大脑中相对较新的部分，前额皮质也是最为脆弱的部分之一。在压力状态下，前额皮质容易失控，并将控制权交给大脑中更原始的区域——这可不是一件好事，因为我们往往是在有压力的时候玩手机。）

专注需要做到的第二件事并没有得到人们太多的关注。但这件事同样重要，甚至可能更重要：我们需要能够忽略干扰。

即使没有手机等人为干扰（或思想等内部干扰），我们的大脑也会受到大量的刺激。视觉、味觉、嗅觉、听觉、触觉，这些感觉不断向我们提供新的信息，让我们做出反应并吸收这些信息。

在某种程度上，这使得我们忽略干扰的能力比我们专注的能力更令人惊叹。因为我们一次只能专注一件事情，但我们需要屏蔽的感觉信息是无穷无尽的。

忽略干扰是一项累人的工作，这一点不足为奇，而且我们练习得越少，对此就会越不擅长。当我们的力量耗尽，当我们无法再阻挡外来信息时，我们就会失去专注的能力。我们会回到默认的分心状态。

如果你发现阅读纸质书或印刷报纸和在手机或电脑上阅读相同内容的感觉不一样，你并不是疯了。因为这本来就不一样。

当我们阅读一本书或一份报纸时，我们遇到的大部分干扰因素都是外在的，像是狗吠声或是吸尘器的声音。这时我们的大脑比较容易决定孰轻孰重，并忽略掉那些不重要的因素。

这样我们的大脑就有足够的可用“带宽”来思考和吸收我们正在阅读的内容。当我们阅读纸质文字（也就是说，没有插入的链接或广告）时，我们主要激活的是大脑中与吸收和理解信息相关的区域。可是当我们在手机或电脑上阅读时，链接和广告无处不在。（至少就目前而言，大多数电子书仍是一个值得称道的例外。）从注意力持续时间的角度来看，这至少在三个方面存在问题。

第一，每次碰到链接时，我们的大脑都必须在瞬间决定是否点击它。[2] 这些决定出现得如此频繁而又微不足道，以至于我们往往没有注意到它们正在发生。但是，我们不可能在做瞬间决定的同时又去深入思考，因为这两种行为使用的是大脑中相互竞争的不同区域。无论决定多么微小或是潜意识所为，每一个决定都会把我们的注意力从我们正在阅读的东西上转移。这反过来又使我们更难吸收我们正在阅读的内容，更不用说去批判性地思考它，或之后记住它。

第二，与背景中的狗吠声不同，网络干扰是嵌入我们试图关注的内容中的。这使得我们的大脑很难区分什么该注意、什么该忽略。试图理解一个单词的意思而不注意它附带的链接，就像在狗舔你脸的时候数狗的胡须：几乎不可能，而且几乎可以肯定这样做会比较难受。

第三，当精神疲劳导致我们屈服于人脑对分心的自然偏好时，无论是误入专门写出引人注意的标题的文章，还是切换到社交媒体，我们都会对这种心理回路进行强化，这就导致我们从一开始就很难保持专注。而且我们会越来越不擅长保持专注。

结果就是，我们在网上阅读得越多，大脑就越容易学会略读。这是一项需要磨炼的有用技能，尤其是当我们经常面对这样的信息过载时。但如果略读成了我们的默认模式，那就成为一个问题了，因为我们越擅长略读，就越不擅长深入阅读和思考。我们也会愈加难以专注于一件事。

不幸的是，我们的专注力越差，我们就越有价值。正如社交媒体公司通过“窃取”（然后出售）你的注意力来赚钱一样，信息网站通过分散你的注意力来赚钱。即使像新闻订阅型网站，也依赖于网页浏览量和点击量来获取收入。这就是为什么在线文章包含这么多链接，为什么幻灯片展示如此普遍。专注无利可图，分心才是摇钱树。

你发明的这剂药，不是为了记忆，而是为了提示。[1]

——柏拉图（Plato），《斐德罗篇》(*Phaedras*)

08 第8章 手机会扰乱你的记忆

我们的大脑有两种主要的记忆形式：短期记忆和长期记忆，而手机对这两种记忆都会产生影响。

长期记忆通常被描述为一个档案柜。这个类比对应的情况会是这样：当你想要记起某件事时，你的大脑就会快速搜索它的档案，并从存储这件事的文件夹中检索出一条特定的记忆，而其余的文件则不会触及。

但事实并非如此。当我们储存长期记忆时，它并不会单独存在于我们大脑中的某个“文件夹”里，而是存在于由其他相连记忆组成的网络中。这些网络被称为“图式”（schema），通过将我们获得的每一条新信息与我们已有的信息相联系，来帮助我们理解世界。图式解释了为什么某种单一的刺激（比如蛋糕烘焙的香味）会引发一连串的记忆。

图式还可以帮助我们识别看似不同的事物之间的共性，从而提高我们的思维能力。例如，我们的大脑知道交通锥和南瓜各有不同的用途，因此这两个物体在功能上并没有什么图式上的联系。但二者之间确实存在一个共同的特点：它们都是橙色的。这意味着它们从颜色上产生了图式联系，这两个物体彼此相互联系，与其他橙色的事物（比如橘子）也存在关联。

这个例子告诉我们，每一条信息都可以同时存在于多个图式中。橘子联系到橙色的图式（因此与交通锥共享联系）和柑橘类水果的图式（因此与柠檬共享联系）。

联系的数量本身就很重要，因为你越能在看似不相关的事物之间建立联系，就越有可能具备洞察力。一个想法引发另一个想法，继而引发了下一个……然后突然之间，一个突破性的想法诞生了。

简而言之：你的图式越细致入微，你的复杂思维能力就越强。但图式的构建需要时间和心理空间。当大脑负荷过重时，我们创建图式的能力就会受到影响。那你猜猜是什么让我们的大脑超载的呢？

为了理解为什么频繁使用手机会扰乱我们的图式，我们需要谈谈工作记忆（这个术语经常与“短期记忆”互换使用）。

一般来说，工作记忆就是你的大脑在任一特定时刻所存储的一切信息。比如，当你走进房间寻找钥匙时，你会在走进去的过程中分心，这时你就要知道“我刚才在寻找什么”，而大脑中回答这个问题的部分便是工作记忆。

工作记忆也可以被认为是你的意识，它是每条长期记忆必须通过的门户。毕竟，如果你一开始就没有意识到某一经历，那你根本不可能对它产生长期记忆。

那么，一个问题来了：我们的工作记忆不能同时记住很多东西。1956 年一项关于工作记忆的著名研究叫作“神奇的数字 7±2”[2]（The Magical Number Seven, Plus or Minus Two；表明我们能够在工作记忆中保留 5～9 项事物），而更新的估计表明，工作记忆的容量接近 2～4 项。[3]

由于容量有限，我们的工作记忆很容易超载。如果我在聚会上向你介绍两个人，你或许能记住他们的名字。但如果我一次向你介绍八个人，你可能就记不住了。同样，如果你的电话号码是以不间断的数字串出现，而不是分成三段数据块，你就很难记得下来。

更大的挑战是，你的工作记忆试图处理的信息越多，即你的“认知负荷”越大，你就越难记住任何信息。

其中部分原因在于，将信息从工作记忆转移到长期记忆需要时间和精力。（事实上，短期记忆通常是通过加强神经回路之间的联结来建立的，而建立长期记忆需要大脑合成新的蛋白质。）而且，将每一条新信息与它可能属于的所有图式联系起来也需要时间和精力。如果你的大脑忙于在工作记忆中保存太多信息，即如果其认知负荷过大，那它就没有能力存储这些信息，更不用说以一种有用的方式处理这些信息，或者合成必要的蛋白质来将记忆进行长期存储。这就像一边玩杂耍一边整理钱包：你做不到的。

这时我们就要说到手机了：智能手机的一切都在让我们的工作记忆超载。应用程序、电子邮件、新闻推送、新闻头条，甚至主屏幕本身——智能手机就是虚拟化的信息奔涌。

短期的结果是精神疲劳和注意力难以集中。长期后果则更为可怕。正如我们所说，当我们把注意力集中于手机上时，我们会错过周围发生的一切——如果你一开始就没有意识到某一经历，那么你以后自然也就不会记得。

更重要的是，当工作记忆超载时，我们的大脑会更难以将新的信息转移至长期记忆。这转而又会导致我们不太可能记得那些确实想要关注的经历（和信息）。

最后，当工作记忆超载、认知负荷过大时，我们的大脑就会缺乏必要的资源，从而无法将新信息和经历与先前已有的图式进行联系。这不仅降低了这些记忆成为永久记忆的可能性，而且大脑中的图式越弱，我们就越不可能形成洞察力和自己的想法。如此我们便失去了深入思考的能力。

在追求幸福的过程中，人们错把内心的兴奋当成了真正的幸福。[1]

——班迪达尊者（Sayadaw U Pandita），《就在今生》（*In This Very Life: The Liberation Teachings of the Buddha*）

09
第 9 章
压力、睡眠和满足感

过去，如果一个人说自己在五分钟内经历了快乐、悲伤、兴奋、焦虑、好奇、沮丧、孤独、抑郁以及被忽视感和重要感，那么他很可能要接受诊断。

但是给我五分钟玩手机，我就可以实现这些，甚至更多。我们的手机就像潘多拉情绪盒，每次一查看，就会给自己带来意外的不快。你可能会收到一封引人担忧的电子邮件，或者一条让你想起来自己忘记做某事的短信，也可能是某个让你生气的新闻故事。或者收到的是让你焦虑的股价，又或是一篇让你伤怀的帖子。

很多时候，你会因为一些完全无法控制的事情而感到焦虑不安，比如时事或股价。但从某种角度来说，那些能够让你夺回掌控感的情况反而更加糟糕，因为在这种情况下，为了恢复内心的平衡感，你会想方设法摆脱这些情绪，比如看到一封平添压力的邮件时，你会忍不住当即回复。

简言之，如果无知是一种幸福，那么看手机就是一种愚蠢。

手机和睡眠

每晚睡前两三个小时，大脑中的一个小腺体开始分泌一种叫作褪黑素的激素。褪黑素告诉你的身体现在是夜间，并让你昏昏欲睡。

早晨，当日光中的蓝光照射到你的眼睛后部时，大脑会停止分泌褪黑素。这时你醒过来，准备开始新的一天。当蓝光消失（被黑暗或白炽灯泡的黄光所取代）时，褪黑素开始再次分泌。

猜猜还有什么能发出蓝光？屏幕。当我们睡前使用手机、平板或电脑时，这些设备发出的蓝光会告诉我们的大脑，现在是白天，我们应该醒着。也就是说，当我们晚上看手机时，我们是在让自己倒时差。看手机的时间，尤其是睡前一小时看手机，不仅会让我们睡得晚，还会损害我们的睡眠质量。[2]

但光线强弱只是手机影响睡眠周期的方式之一。我们用手机做的大多数事情都是刺激性活动，比如看新闻、玩游戏。试想一下，如果你在社交媒体上关注的所有人都和你在一个房间里，电视机声音很大，几个朋友在进行政治辩论，这时你会有多么难以入睡。当你把手机带到床上时，本质上你就是在做这样的事。

如果考虑到慢性疲劳带来的健康问题，你就会发现手机对睡眠的影响格外令人担忧，包括增加肥胖、糖尿病、心血管疾病甚至早逝的风险。[3]

事实上，根据哈佛医学院睡眠医学部（Division of Sleep Medicine at Harvard Medical School）的研究，即使是短期的睡眠不足，“也会影响判断、情绪和学习、记忆信息的能力，而且可能增加严重事故和伤害的风险”。[4] 当你疲惫的时候，大脑很难过滤干扰因素。你的自控能力会变差，忍受挫折的能力也会下降。你的大脑难以决定什么是重要的，什么是不重要的。[5]

并不是只有疯狂地熬一整晚才会造成短期睡眠不足。睡眠医学部的研究表明，如果每晚只睡 6 小时（而不是 7～9 小时），即使只是持续一周半的时间，也会“在第 10 天的时候产生与连续 24 小时不睡觉所造成的相同程度的损伤”，[6] 也就是说，这会造成“相当于人体血液酒精浓度 0.1% 所产生的机能损伤，而这一浓度值已经超出了美国法律规定的酒精中毒浓度上限”。

哦，如果你认为这显然不符合你的情况，那么请你记住，人越是睡眠不足，就可能越是强烈地坚持自己没有睡眠不足，这可能是因为他们判断自己精神状态的能力已经受损。

手机和心流

“心流”（flow）是心理学家米哈里·契克森米哈赖（Mihaly Csikszentmihalyi）创造的一个术语，用来描述当你全神贯注于某种行为时所产生的感受。人们在唱歌、运动甚至工作时都可以体验到心流。当你处于心流状态时，你会完全沉浸于当下这一刻，以至于你会感觉自己好像置身于时间之外。你的体验和思想之间的界限被抹去了。你的自我意识不见了，整个人都沉浸其中。你进入状态了。心流会带你进入各种各样的时刻和记忆，从而让生活变得丰富多彩。

如果你分心了，你就无法沉浸于某种体验，当然你也就无法进入心流状态。鉴于手机是分散注意力的高手，这意味着我们在手机上花的时间越多，就越不可能体验到心流。

手机和创造力

创造力，即提出新想法的过程，也需要放松和心理空间，而这两者在我们玩手机的时候都很难得到。创造力需要你充分休息，正如美国国家儿童医学中心（Children’s National Medical Center）睡眠医学主任朱迪思·欧文斯（Judith Owens）所说：“睡眠不足会影响记忆力、创造力、语言创造力，甚至会影响判断力和积极性。”[7] 创造力往往是由无聊激发出来的，而我们的手机恰好非常擅长帮助我们摆脱无聊。

在我看来，无聊对创造力的重要性可以用林－曼努尔·米兰达（Lin-Manuel Miranda）的话来概括，他是音乐剧《汉密尔顿》（*Hamilton:An American Musical*）幕后的疯狂天才，获奖无数。米兰达在接受杂志《智族 GQ》（*GQ*）的采访时说道：“我记得小时候，我和我最好的朋友丹尼有一次坐了三个小时的车。在我们上车之前，他从前院拿上了一根棍子，在开车回家的整个过程中，他都在跟这根棍子玩游戏。这根棍子时而是一个人，时而又是某个更大游戏中的一部分，有时他还会听棍子说话，假装它是个电话。我记得我坐在他旁边玩着游戏《大金刚》（*Donkey Kong*），当时我就在想，‘老兄，你竟然自娱自乐了三个小时……就跟一个破棍子！’然后我在心里告诉自己，‘哇，看来我必须提高自己的想象力了’。”[8]

当我读到这些话时，一方面我在想，我应该花更多的时间玩玩棍子；而另一方面更加讽刺的想法则是：“我敢打赌肯定有人会为此开发一款应用程序。”

10

第 10 章

如何夺回你的生活

现在来说一个好消息：我们可以消除手机的许多负面影响。我们可以恢复注意力持续时间。我们可以重新集中注意力。我们可以减轻压力，改善记忆，恢复良好的睡眠。我们可以改变与手机的关系，从手机那里夺回我们的生活。这就是本书的下一部分（“分手”）想要帮你达成的目标。不过，在继续之前，我们先来谈谈这个“分手”背后的科学和哲学。

正念

正念（mindfulness）这个词很难定义，但就本书的目的而言，我比较倾向于马萨诸塞大学医学院医学、保健及社会正念中心（Center for Mindfulness in Medicine, Health Care, and Society at the University of Massachusetts Medical School）的研究主任贾德森·布鲁尔（Judson Brewer）提出的定义："正念就是更清楚地看待世界"[1]，包括看待我们自己。

这个简单的想法其实非常强大，尤其是在戒除成瘾行为方面。有多强大？2011 年，布鲁尔和他的同事发表了一项随机对照实验的结果，该实验旨在测试正念训练能否帮助人们戒烟。[2] 更确切地说，他们是想将正念与公认的"金标准"——美国肺脏协会（American Lung Association）提出的"摆脱吸烟"（Freedom from Smoking）计划治疗法进行比较。

在实验持续的两年时间里，布鲁尔将近 100 名吸烟者随机分为两组。其中一组被分配参加"摆脱吸烟"治疗，另一组接受正念训练。

首先，布鲁尔向正念组的吸烟者们讲解了习惯回路的相关知识。他们学会了识别自己的触发因素，并练习关注自己的渴望（和反应），但不试图做出任何改变。仅此一步就产生了惊人的效果，比如只是有意识地关注香烟的味道，就足以让一个长期吸烟者下定决心戒烟。布鲁尔写道："他不再只是持有普遍看法，而是开始自己了解，吸烟有害已经从大脑中的一个概念变成了深入骨髓的认知。”[3]

接下来，他教他们不要回避自己的渴望，而是要面对渴望。参与者们练习对自身渴望的觉察，然后放松下来，让这些渴望自然发生而不去尝试阻止。他们练习关注这些渴望如何给自己带来情绪上和身体上的感受，然后当渴望出现时，他们就利用这种练习来“度过”自己的渴望。布鲁尔还向参与者们教授正式的冥想练习，并让他们每天坚持练习。

布鲁尔的数据分析结果表明，接受正念训练的人戒烟率是“摆脱吸烟”组的两倍。更重要的是，“正念”组的人复吸的情况要少得多。

如果想要打破我们对手机的上瘾，练习正念同样有效，甚至可能更加有效。但正念所能做到的还不止这些。有意关注每时每刻的体验也会为你提供更多与手机无关的记忆素材。它可以帮助你应对焦虑，还能使你的生活丰富多彩。这就是为什么练习这种形式的正念是我们首先要学习的事情之一。

首先，我们要有意识地关注自己的情绪、想法和反应，不要评判自己或试图改变任何事情。我们会注意到大脑发出的邀请。然后，我们要练习决定如何以及是否要做出回应。

我来简单说明一下：大脑就像过分积极（甚至有点疯狂）的派

对策划人一样，不断地向我们发出邀请，让我们做某些事情或以某些方式做出反应。比如，当你遇上堵车时，大脑会邀请你向路上其他开车的人怒视；当你在某个周五的晚上独自一人时，大脑会让你得出结论，让你觉得自己一文不值，一个朋友都没有。

换句话说，我们以为的不可抗拒的冲动实际上是我们大脑发出的邀请。这是一个重要的领悟，因为一旦你意识到这一点，你就可以问大脑为什么要邀请你参加这样糟糕的“派对”。为什么堵车的时候大脑不邀请你唱一会儿手机卡拉 OK？为什么孤独的周五晚上大脑不邀请你去看一部别人都不愿意看的电影？

正念不仅能帮助我们更好地注意和处理这些邀请，而且能让我们认识到那些促使我们上瘾的核心情绪、恐惧和欲望，这是打破成瘾的关键一步。正如布鲁尔在《欲望的博弈》(*The Craving Mind*)一书中所解释的那样，大多数成瘾都源于渴望感觉更好和（或）消除不好的感觉。如果你在没有弄清楚自己想要实现什么或者避免什么的情况下，就试图减少手机的使用，那么你注定要失败。要么你会故态复萌，要么你会养成另一个可能更具破坏性的习惯，其产生的影响或与手机相当。

正念练习得越多，你就越能发现大脑明显有它自己的想法。(我喜欢把我的大脑想象成一个恰好完全疯了的好朋友。) 当你意识到自己不必对每一个邀请都说“是”的时候，你就可以控制自己的生活，无论是手机里的生活还是手机外的生活。

如何安然度过“手机瘾”

对吸烟者有效的方法同样适用于我们的手机。如果我们只是承认自己的不适，而不去与之抗争，也就是说，如果我们安然度过那阵心潮，我们的渴望最终会自行消退。

例如，假设你发现自己正要去拿手机。练习正念意味着，不要试图与你的冲动做斗争或因为这种冲动批评自己，而是只需要注意到这种冲动，待其显露出来时，与之同在。冲动出现时，你可以问一些关于它的问题。这种冲动给你的大脑和身体带来了什么样的感觉？此刻你为什么会有这种特别的冲动？你希望得到什么样的回报，或者你想避免什么样的不适？如果你对这种冲动做出反应，会发生什么？如果你什么都不做，会发生什么？

下次你发现自己想要看手机时，请暂停一下。深呼吸，然后留意这种渴望，仅此而已。不要屈服于它，但也不要试图让它消失。观察它。看看会发生什么。

第二部分

分手

HOW TO
BREAK UP
WITH YOUR
PHONE

我们必须行动起来，既要从个人出发，也要从集体出发，让我们的注意力重归己有，从而收回对生活体验的所有权。[1]

——吴修铭（Tim Wu），《注意力商人》（*The Attention Merchants*）

每个人都知道什么是注意力。它就是，大脑以清晰而生动的形式，从似乎同时存在的几个可能的思路对象当中占据一个……注意力意味着为了有效地处理其他事情而从某些事情中退出，这种状态与混乱、恍惚、心神散漫的状态完全相反。[1]

——威廉·詹姆斯（William James），《心理学原理》（*The Principles of Psychology*）

01 第1周

科技分类

欢迎进入“分手”环节，这份实操指南会帮你与手机建立新的关系。在正式开始之前，有些事项需要说明。

你可以制订个性化计划。我已经把整个“分手”过程设计成下面的“30天指导计划”。衷心建议你对该计划进行扩展，因为改变习惯需要时间。也就是说，你可以根据自己想要的方式来使用这份指南。关键是要让这个过程和新的关系符合你的个人需求。

30天指导计划

第1周：科技分类

第1天（周一）：下载追踪应用程序

第2天（周二）：评估当前关系

第3天（周三）：开始关注

第4天（周四）：反思评估，采取行动

第5天（周五）：删除社交应用

第6天（周六）：回归（现实）生活

第7天（周日）：活动身体

第2周：改变习惯

第8天（周一）：关掉通知

第9天（周二）：改变人生的魔法之应用整理

第10天（周三）：换个地方充电

第11天（周四）：为成功做好准备

第12天（周五）：下载屏蔽软件

第13天（周六）：设置界限

第14天（周日）：不做“低头族”

第3周：夺回大脑

第15天（周一）：停下来、深呼吸、专注当下

第16天（周二）：练习停顿

第 17 天（周三）：增加注意力持续时间

第 18 天（周四）：冥想

第 19 天（周五）：准备“试分手”

第 20～21 天（周末）：“试分手”

第 4 周（及以后）：你与手机的新关系

第 22 天（周一）：“试分手”总结

第 23 天（周二）：手机“斋戒”

第 24 天（周三）：处理邀请

第 25 天（周四）：清理其余的数字生活

第 26 天（周五）：确认查看手机的必要性

第 27 天（周六）：“数字安息日”生活小技巧

第 28 天（周日）：高效能人士的七个手机使用习惯

第 29 天（周一）：保持正确的方向

第 30 天（周二）：祝贺你！

你并不孤单。这句话来自那些已经成功和手机“分手”的人。我把这句话写在这里，既是为了鼓舞人心，也是为了证明大家都在做着类似的斗争。

这次“分手”不涉及任何评判。你别评判，我当然也不会评判。我们要做的就是观察、提问和尝试。如果你最终决定，一天发送 150 条 WhatsApp 信息就是你想要的生活方式，那完全取决于你。

没有必要紧张，也不会有“失败”一说。如果你尝试了一个对你有用的练习，那太好了：把它添加到你的工具箱里。如果某个练习对你不起作用，那就尝试下一个。同样，如果你旧习复发——坦白说，这很有可能——不要自责。只要重回正轨就可以了。方法之一就是，你只需要承认自己感到失望，然后做些其他事情来抵消让你感受不好的行为，借此重整旗鼓，这和碳补偿的感觉有点像，只不过对象是手机而已。比如，如果你醒来后掉进了社交媒体的“黑洞”，那么你可以特意和现实中的朋友一起制订午餐计划，或者晚上不带手机散步。

记笔记。“分手”会涉及一些提示和需要回答的问题。如果你愿意记日志的话，我支持你创建一个特殊的手机“分手”笔记本，这样在试验结束时，你就可以借助这些文字记录来回顾自己的想法。你也可以把答案写成一系列邮件或信件发给自己，或者在本书的空白处记些笔记。

寻求更多指导。科技变化日新月异，所以我特意没有涉及更改手机特定设置的相关细节。如果你遇到了问题，请根据你的手机型号上网搜索。

从个人生活开始。我们会重点关注个人生活中的手机使用方式（而非工作或学校里的手机使用）。这里有两个原因。第一，这个实现起来比较容易。许多人为自己的手机习惯辩解，声称因为工作他们需要随时查看手机。可你真的是为了工作看手机吗？那你查看 Instagram

动态也是“为了工作看手机”？第二，个人生活中的手机使用方式发生的任何改变都可能影响工作中的使用方式。如果你修复了与手机的个人关系，那么你可能会发现与手机的工作关系也会随之改善。

邀请别人加入

如果你同另一个人（或一群人）一起尝试和手机“分手”，你会找到更多乐趣，而且建立的新关系也更有可能保持下去。建议你找一个朋友或家人，室友、同事、读书俱乐部的人也可以，跟他们一起完成“分手”这个过程。这样你就可以把书中的问题用作你们的聊天话题，还能互相督促坚持。

只要有可能，人们就应该鼓励其他人加入他们的行列，然后做成一个像样的活动。就像健康饮食一样，跟伴侣或家人一起养成良好的饮食习惯会让事情变得更加容易。

——萨拉

无意识的分心不是问题。有的时候，你可能就是想刷刷手机走走神。而我们要避免的真正问题是，让这种无意识的分心状态成为我们的默认状态。

最后一点也同样重要。

重点不是惩罚你自己。我们要努力解决的是，我们所说的想要的生活方式与我们实际的生活方式之间的差异。当然，“分手”过程中可能会有一些比较难受的时刻，但最终，与手机“分手”应该会让你感觉良好。如果你开始觉得自己所做的一切都是在对自己说“不”，那么请你后退一步重新来过。我们的目标不是禁欲，而是意识觉察。

为什么要进行科技分类

和手机“分手”失败，通常是因为缺乏准备。正如我们所提到的，人们在尝试改变与手机的关系时，往往不会先问自己到底希望与手机建立怎样的关系。他们会从一个模糊的目标开始，例如“我想少花点时间玩手机”，但一开始并不明确自己实际想要改变或完成什么，也没有弄清楚自己为什么要拿起手机。然后，他们试着突然戒掉手机，却最终因为这种方法无效而心灰意冷，感觉无能为力。

这就相当于你说你想要一段“更好的关系”，所以要把别人甩了，可当人家追问时，你又承认自己其实并不知道什么才是“更好的关系”。如果你不花时间去弄清楚这一点，那么你很有可能会再次陷入一段不满意或不健康的关系，和刚刚结束的那段关系没什么差别。

认为智能手机“非黑即白”的这种想法完全忽视了一个事实，也就是我们之前所讨论的：手机其实有很多好处。和手机“分手”

并不是为了不让我们享受现代科技带来的好处，而是为了设定界限，让我们既能享受手机带来的好处，也能保护自己免受不好的影响。

这就是为什么我们需要进行科技分类。在这一阶段，我们将使用正念和一些应用程序来收集我们当下与手机关系的相关数据，以便确认关系当中哪些是健康的，哪些是不健康的，以及我们想要改变什么。

指导性问题

前面我们已经说过，我们关注什么，我们的生活就是什么，无论是字面意义还是隐喻意义都是如此。所以现在请花点时间回答这个问题：

你想关注什么？

我建议你在我们共同度过的 30 天里（及以后的时间）不断地回到这个问题上来。当你发觉自己要去拿手机或者当你觉得自己迷失方向时，你可以用这个问题让自己平静下来。

我想关注我周围的环境。我想关注自然、艺术和自己的感受。

——艾米丽

我想关注朋友：当我们一起做某件事（比如看电影或吃顿饭）时，我想全身心投入其中。

——劳伦

设置锁屏提醒自己

你可以把“你想关注什么”这句话写在一张纸上，然后拍张照，并将这张照片设为手机的锁屏。（你甚至可以拍一张你爱的人拿着这张纸的照片。）这样，每当你拿起手机时，锁屏都会提醒你再想一想。

定好时间

现在可能正是你动力十足的时候，那么在正式开始之前，我想趁此时机让你选定一个“试分手”的日子。快，就是现在。我没开玩笑：去查看日历，把时间定好。

如果你按照我推荐的计划从周一开始尝试，那么你会在第三个周末的某个时候进行“试分手”。我推荐周五晚上到周六晚上，因为这为周末的剩余时间定下了一个很好的基调，不过周六到周日也可以（如果你觉得那个周末不适合，可以另选一个 24 小时的时段）。

是的，如果你需要的话，这个日期后面是可以更改的。提前让你在日历上定好日期，是为了增加你真正去做这件事的机会，而不只是读完这本书就过去了。后面我会给你时间准备的。（我会给你很多帮助，让你为“试分手”做好准备。我们会互相支持，不会有什么问题。事实上，你可能还会因为自己很享受这一过程而感到惊讶呢。）

此外，你可以考虑将整个“分手”日程添加到日历上，手机日历或其他日历都可以。如果你不想把 30 天的活动安排都放到日历里，那就设置一个类似于“和我的手机‘分手’”这样的提醒，30 天每天重复 1 次。

第 1 天（周一）
下载追踪应用程序

科技分类的第一步是，比较我们认为自己在手机上花费的时间和我们实际在手机上花费的时间。首先，简单记下这些问题的答案：

- 如果必须要猜测的话，你认为你每天拿起手机会有多少次？
- 你估计你每天会玩多长时间手机？

接下来，下载一个时间追踪应用程序，用来自动监控你拿起手机的频率和使用时间（具体建议请参阅书后的“推荐资源”）。

暂时先别试图改变你的行为；我们的目的只是收集数据。几天后我们会讨论你收集的结果。

我这才发现自己以为的每天玩手机的时间和实际玩手机的时间差距是如此巨大。

——达斯汀

第2天（周二）
评估当前关系

追踪应用程序已经在后台运行了，那么现在拿出一个笔记本或给自己创建一封新邮件（或者直接拿支笔在书页空白处记录，我不会介意的），然后写几句话来回答以下问题。

- 你喜欢手机的哪些方面？
- 你不喜欢手机的哪些方面？
- 当你花费大量时间玩手机时，你注意到自己有哪些积极或消极的变化？（如果你以前也用过其他手机，那你也可以问问自己，自从你有智能手机以来，你是否注意到了任何变化。）

我喜欢整个世界的信息都触手可及的感觉。知道任何问题的答案或找到去任何地方的路，这非常了不起。（但是）现在我很容易就拿出手机浏览新闻、查看东西，而以前我只会观察观察周围的世界。每次我强迫自己去看周遭的时候，我总是能观察到一些有趣的事情，否则我可能就错过了。

——康纳

我的注意力持续时间明显缩短了。我不会费心去提前计划（无论是出行方向还是搜寻信息），因为我知道我总是能在最后一分钟查到。我的记忆力也变差了。我还注意到了低头看手机和发短信带来的身体不适（脖子、拇指、手腕）。

——伊琳

接下来，想象一下一个月以后，和手机“分手后”的自己。你希望你与手机的新关系是什么样子的？你想用额外的时间做什么或完成什么？如果让别人描述你有什么改变，你希望别人说什么？给未来的你写张便条或一封电子邮件，描述一下你成功时的样子，和（或）为自己实现目标送上祝贺。

我希望自己不要再和手机绑在一起。不要再连着好几个小时刷那些我根本不认识的人的页面。我希望利用我找回来的时间做一些有意义的事。开始一个新的爱好，多上一节体育课。我希望我的男朋友或朋友告诉我，我对每件事都更投入了。没那么容易分心了。

——西沃恩

第 3 天（周三）
开始关注

科技分类的下一步是继续正念练习，关注你使用手机的方式和时间及其产生的感受。

在接下来的 24 小时内，尽量注意：

- 你发现自己几乎总在用手机的情况（例如排队、坐电梯、坐车）。还要注意你早上第一次看手机和晚上最后一次看手机一般是什么时间。

- 你使用手机时姿势发生了什么变化。
- 你拿起手机前的情绪状态（例如无聊、好奇、焦虑、快乐、孤独、兴奋、悲伤、充满爱等）。
- 你用完手机后的情绪状态（你感觉更好吗，还是更糟？手机满足了你拿手机时的情感需求吗）。
- 手机吸引你注意力的方式和频率（通过通知、短信等）。
- 使用手机时的感受，以及当你意识到自己没有手机时的感受。重点是要开始觉察手机是何时以及如何触发大脑分泌多巴胺和皮质醇的，以及你当时的感受（一般来说，渴望就是想要获得多巴胺，多巴胺本身会让人兴奋，皮质醇则让人焦虑）。

我还希望你能注意：

- 当你感到投入、充满活力、快乐、高效、目标明确时的那些瞬间，彼时你可能在用手机，也可能在做别的。当这些瞬间来临时，注意你在做什么、和谁在一起，以及手机是否涉及其中。
- 别人使用手机的方式和时间及其带给你的感受。

最后，我想让你在一天中选出几个拿起手机最频繁的时刻，然后看看能否找出其中让你反复这样做的共同触发因素。比如，你早上起来第一件事就是看手机，可能是因为你很焦虑，也可能只是因为它在你的床头柜上；你在电梯里看手机，可能是因为其他人也都在看手机；你在工作中看手机，可能是因为你对自己应该处理的任务感到厌烦。

我们不会对这些触发因素做任何评判；我们只是想要了解它们，这样我们才能开始识别其中的模式。

我们先来预热一下，试试《正念科技：如何为我们的数字生活带来平衡》(*Mindful Tech:How to Bring Balance to Our Digital Lives*）一书的作者，华盛顿大学信息学院教授戴维·利维（David Levy）建议的“手机冥想”练习，[2] 这里对其版本稍做了修改。

首先，注意你现在的感受。你的呼吸如何？姿势如何？专注感如何？你的整体情绪状态如何？

现在拿出你的手机，将其握在手中，不要解锁屏幕。注意你的呼吸、姿势、注意力和情绪状态发生的所有变化。

接下来，解锁屏幕，打开你最常用的一个应用（例如，电子邮件、社交媒体或新闻）。花点时间刷刷动态。如果你正在查看电子邮件，那就回复一封邮件。然后再次观察自己是否有任何变化。

最后，关机，把它放在看不见的地方。这时感觉如何？有什么不同吗？

就我个人而言，我已经注意到，虽然一开始我会觉得很愉快，但用完手机以后，我的感觉几乎没有变得更好。当我习惯性地想要拿起手机时，这一观察结果能帮我制止自己。

我注意到，我在拿起手机之前通常会感到有点儿焦虑。这种焦虑并不是在这之前五分钟产生的；而是在我拿起手机查看的那一刻产生的，不管我是出于什么原因去拿手机。然后，通常在我登录进去查看电子邮件和Facebook以后，我会觉得放松。这是为什么呢？

——珍妮

制造一个实物提示

当你想要拿手机时，为了帮助你注意到这一点，你可以给手机缠上橡皮筋或发带，或者在手机背面贴一条胶带或贴纸。这样，无论你什么时候拿起手机，你都会感受到这些提示，它们会提醒你注意。这样的提醒可能只需要几天；过上一段时间，你就能自发地注意起来。你也可以做一些视觉上的改变，比如把锁屏壁纸换成一张写着“注意！”或者“你为什么要拿起我？”这种文字的图片。

第4天（周四）

反思评估，采取行动

从我们开始追踪手机使用情况到现在已经过去好几天了。相关的数据也收集好了，现在我们来分析一下吧。

1. 查看你安装的追踪应用的结果

追踪数据可能不完全准确，但没关系，我们只是想大致了解我们的猜测与现实的匹配程度。

你每天拿起手机多少次，玩手机花了多少时间？这与你的猜测相比如何？如果你感到吃惊，原因是什么？

我对（追踪应用程序）提供的数据感到震惊。昨天我拿起手机 81 次，花了两个多小时玩手机。

——萨曼莎

2. 注意你察觉到的东西

接下来，对于你在过去 24 小时内使用手机的时间和原因，想想你察觉到了什么？手机是如何打扰你的，多久打扰一次？手机上有什么东西吸引了你的注意力？这些打扰让你感觉如何？

（打扰）一直没断过——一直！它们通常感觉有点儿像咖啡带来的兴奋感，提神又令人急躁，而且转瞬即逝。

——乔希

在使用手机之前、期间、之后以及和手机分开的时候，你注意到身体和情绪感受有什么不同吗？比如，你是否感受到放松、紧张、兴奋、焦虑或其他情绪？你注意到手机如何影响你的多巴胺和皮质醇水平了吗？

拿起手机之前，我会感到一阵轻微的不适，有一种想要什么东西的感觉——就好像我坐在厨房餐桌旁，然后突然想到食物一样，即使我一点儿也不饿。我还会感到一种轻微的令人眩晕的期待感，就好像过去我和妈妈一起去邮局，然后希望有个笔友给我写信一样。

——杰西卡

当你感觉自己处于“心流”（即投入、充满活力、快乐、高效、目标明确等多重感受并行）的状态时，你注意到了什么？这时你正在做什么？和谁在一起？你的手机是否涉及其中？

虽然在花园里除草这件事听起来很普通，但我就是在这个时候体会到了这些感受。我喜欢户外活动，当我看到剪下来的杂草越堆越多时，我确实有种高效、目标明确的感觉。手机唯一的参与就是：我拍了张照片，然后发给一些同样对植物痴迷的朋友。

——詹妮

当你看到别人玩手机时，你是什么感受？

我真的很讨厌现在规矩变了，人们可以在工作日玩手机了——看起来好像他们正在忙不迭地交流着工作上的事，但显然都是在忙自己的事。

——贝丝

综上所述，你注意到了什么样的模式？如果你感到吃惊，原因是什么？

我通常会在无聊的时候（从一处闲逛到另一处，或者干坐在自己的工位上）或者晚上坐在沙发上（看着电视或拖延症犯了）的时候玩手机。这么做的时候我不会想太多，但事后我会意识到，有这么多时间我完全可以用来做更有意义的事。

——贝尔纳多

3. 创建你的第一个“减速带”

从手机那里重新夺回控制权最有效的一个方法就是设置“减速带”：迫使我们减速的小障碍。这种“减速带”能够在我们的冲动和行动之间制造停顿，这样当我们决定走不同的路线时，就会有改变路线的机会。

在“分手”的过程中，我们将尝试大量的身心“减速”练习。第一个就是被我称为“3W”的练习，也就是“为什么要做、为什么现在做、还有什么可以做”（what for，why now，what other）对应的英文缩写。（你可以考虑设置“3W”的锁屏作为提醒。）

第5天（周五）
删除社交应用

我们已经讨论过，社交媒体就像垃圾食品：过度使用会让我们产生糟糕的感觉，而且一旦我们开始用它，就很难停下来。所以我们要控制它。

3W：为什么要做、为什么现在做、还有什么可以做

每当你注意到自己即将拿起手机时，花点时间问问自己下面三个问题。

为什么要做？你拿手机是为了做什么？（例如，看电子邮件、逛购物网站、点晚餐、打发时间等。）

为什么现在做？为什么你要现在拿起手机而不是过一会儿？可能是因为需要使用（我想拍照），可能是因为所处环境（我在电梯里），也可能是因为情感需求（我想分散一下注意力）。

还有什么可以做？现在除了看手机，还有别的事可以做吗？

如果你问了自己这三个问题以后，还是认为自己现在确实想用手机，那也完全没问题。因为这么做只是为了给自己一个机会，让你在那一刻探究一下自己的选择，这样即使你把注意力放到了手机上，你也是做了一个有意识的决定。

提前确定拿手机的目的，还可以防止你一时冲动在社交媒体上发照片，结果又要多花 30 分钟去心不在焉地刷动态更新。

首先，花点时间想想你最常用的社交媒体平台。然后问问自己，你愿意为每个平台每周支付多少钱。

说真的，思考一下这个问题。

之后，当你脑子里有了一个数字以后，再回想一下你最近的一次真正有意义或有趣的经历，比如和一群好朋友在一起，或者做一些你喜欢的事情。

如果我们能回到过去，我要付给你多少钱，才能让你故意错过那次经历？

明白了吗？

如果你和大多数人一样，那么你愿意为社交媒体支付的金额会相当低。大多数人的答案是每个平台每周大约一美元。

相比之下，对于要故意错过的有趣经历，大多数人给出的估价要高得多。

结论很明显，那就是我们对社交媒体的重视程度远远低于对现实生活乐趣的重视，而且我们或许应该优先考虑后者。这没毛病吧？可是，对一些人来说，社交媒体是一种令人愉快的工具，可以让他们感觉自己与朋友、家人以及周围的世界紧密相连。

理想的情况是，我们能够做到适度使用社交媒体，享受其带来的好处，又不会产生什么问题。但要想在手机上做到这一点，怕是格外困难，因为我们已经了解到，社交媒体应用程序就是为了吸引我们而设计的。

谢天谢地，我们有一种简单的反击方法：从手机中删除所有社交软件。

我是认真的。现在就删。将手指按在应用图标上，等它开始抖动，点图标右上角的“×”。

这时软件“慌了”，它会问你一个问题以试图左右你（“你确定要删除我和我的所有数据吗”）。选择“是”，然后厌恶地摇摇头：所有人都知道 Facebook 并没有真的删除你的任何数据。它们仍然“藏”在云数据里，专门为你存着，以备你随时重新安装或下载。

如果你犹豫不决，那我们先来明确两件事。

1. 这不是什么无法挽回的决定。理想情况下，我希望你能在本次试验的“和好”阶段（届时我将提供一些建议，告诉你如何与社交媒体建立更健康的关系）之前都不要使用这些软件。但你可以不按我说的做。

2. 你仍然可以随时查看社交媒体。我并不是想让你完全脱离社交媒体，我只是想让你通过手机或电脑的浏览器访问，而不是刷应用程序。

这样做的目的还是创建“减速带”。社交媒体平台的浏览器版本通常比应用版本的功能要少，使用起来也会更加烦琐。因此，这种版本会给我们很多机会来问自己，是否真的想在那一刻查看社交媒体。

如果你决定使用浏览器的方式，那很好，但是查看的时候要有条理地进行。首先，提前明确你的目的（你是要发布什么动态，还是要找什么特定的东西，又或者只是刷着玩儿），并决定你要花多长时间。你甚至可以设置一个计时器。然后，等时间到了就注销并关闭窗口，保证下次启动浏览器时它不会自动打开。

简而言之：做就对了。暂时删了这些应用程序。事实上，很多人告诉我，就戒掉手机瘾来说，这是他们所做的最有用的事情之一。

如果你害怕忘记密码，该怎么办

在本次“分手”的过程中，我会建议你尝试删除很多应用程序。你可能会和我一样犹豫不决——不是因为你有多在意这些应用程序，而是因为你担心，如果以后决定重新安装它们，可能会找不到或者忘记密码。解决的办法就是按照那些互联网安全人员多年来一直告诉我们的方式：注册一个密码管理器。密码管理器是存储你所有密码的应用程序（它们还可以为你生成更难破解的新密码）。你要给密码管理器设置一个主密码，然后当你想要登录网站或应用程序时，密码管理器会给你提供对应的登录密码。这样能够减少你的数据被黑客攻击的可能性，也能让你放心地随意删除东西。

此外，还有一个有趣的心理小技巧可以利用：研究人员发现，你用来描述新习惯的词句会对你坚持下去的可能性产生很大影响。具体来说就是，说你“做”或“不做”某件事，将这一行为界定为你的个性选择，这比说“必须”或“不能”做某件事要有效得多。[3]（比如，要说“我一周五天去健身房”，而不是说“我一周五天必须去健身房”。）

现在就是尝试这个技巧的好机会。此刻，你的手机上已经没有社交软件了。因此，当你想要打开或重新安装一个社交软件时，不要试图通过说“不能”或“不允许”这样做来抵制这种冲动。你只需要描述一下当前的事实：“我的手机上现在没有社交软件。”这一简单的转换就能带来惊人的不同。

哦，最后强调一下，要把你平常花在社交媒体上的时间用来和你关心的人相处——线下的相处。给朋友打打电话，邀请某人喝喝咖啡，开个派对之类的。（对，你可以利用社交媒体来帮忙组织。）注意事后你的感受如何，尤其是与你玩社交媒体之后通常会有的感受相比。

Instagram 和 Facebook 这两个程序真的很让我着迷。现在我已经把它们从手机上删除了，只通过 Safari 浏览器查看。这带来了巨大的变化。

——西沃恩

我之前真的很喜欢其中的一些程序，但奇怪的是我现在一点儿也不想念它们。

——瓦妮莎

社交媒体和“错失恐惧症”

从手机上删除社交软件可能会让你错过一些帖子。但是，与其产生这样的“错失恐惧症”，不如试着关注一下因为花时间玩社交媒体而必定会错过的东西，也就是你的余生。换言之，错过那些只会在手机上发生的事情也许是一件好事。（而且，如果真有什么大事发生，你最终还是会知道的。）

如果你担心会错过那些通过社交媒体发送的现实生活中的邀请，那么你只需每天从电脑桌面上登录查看一两次你的社交账号。一些社交应用还允许你自定义想要收到的通知类型，这样你就可以允许接收一些现实生活中的邀请。

最后，在社交媒体上少花点儿时间还有助于防止另一类“错失恐惧症”：因为把自己的生活与别人的社交动态展示的生活进行对比而产生的嫉妒。当然，很讽刺的是，大多数人的动态并不能准确反映出所展示的生活在他们整个生活中的比例，比如滑雪、冲浪。而且，许多在社交媒体上拥有大量粉丝的人实际上是为了赚钱才美化自己的生活的。如果某个人的生活状态美好到有些不真实，那可能确实不是真的。

第 6 天（周六）
回归（现实）生活

手机用得少了，你就会拥有更多的时间。除非你知道自己想要如何度过这段重新获得的时间，否则你可能会感到焦虑，可能会有点沮丧，并且存在旧习复发的风险。

这就是为什么我们需要重新接触线下生活里让我们感到快乐的事情。我们先从几个提示问题开始，不管想到什么都可以简单记一下。

- 我一直喜欢：________________。
- 我一直想：________________。
- 当我还是个孩子的时候，我对 ________________ 十分着迷。
- 如果我有更多的时间，我想 ________________。
- 我知道这些活动会让我进入“心流”状态：________________。
- 我想花更多时间与之相处的人包括：________________。

身处大自然能给我带来愉悦。在海里或湖里游泳会让我非常快乐。和我爱的人在一起也会让我满心欢喜。

——丹妮尔

写完以后，根据这些问题的答案列出一些具体的不涉及手机的有趣活动，然后在接下来的几天或者试验剩余的日子里做这些事。比如：在咖啡馆里玩填字游戏，出去旅行一天，去远足，报个课程，组织一次“游戏之夜”，去趟博物馆，画点东西，写个短篇故事，和朋友约个会，做些有趣的菜等。我们的目的是提前想出一些有趣的想法和计划，这样当你发现自己有空闲时间时，就不会百无聊赖地去拿手机了。

我发现，当我真的很忙很有压力的时候，我就会陷入这样一种模式：我在休息的时候没有任何有趣的活动安排，所以我只能去玩手机，因为没有其他现成的事情可做。

——瓦莱丽

第 7 天（周日）

活动身体

即使在智能手机出现之前，大多数人也不太擅长身心整合，而随着手机越来越多地进入我们的生活，情况只会变得更糟。所以今天，花点儿时间做一些令人愉悦的身体活动吧，重新唤回与身体的联系。关键是要记住，你的大脑并不只是长在身体上的一个不相关的部分。顺便说一句，现在已有强有力的证据表明，促进血液循环的运动也有助于加强你的认知控制。[4] 下面这些想法可供参考：

- 出去散步（不带手机）。注意你的呼吸和走动时身体的感觉。
- 做瑜伽。
- 玩接球游戏。
- 去公园玩游戏。
- 做个按摩（通过让别人接触你的身体来找回与身体的联系）。
- 玩一个需要经常跳来跳去的电子游戏。
- 如果你经常在锻炼的时候听音乐，试着关掉一会儿，然后感受身体和呼吸的节奏。（等到筋疲力尽的喘气声开始让你泄气时，再重新打开音乐。）

练习时，放下这本书，深吸一口气，然后慢慢地将手臂伸过头顶。边呼气边将手臂放下来。注意此时的感受。

我上了一堂舞蹈课，它让我想起原来我的身体除了走路和坐着还能做其他的事情，这种感觉让我很是吃惊，也让我想要更多地走出大脑（走进身体里）。

——伊丽莎白

注意：买个闹钟

在“分手”的下一阶段，我会让你把手机从卧室“驱逐”出去。你们中的很多人都会轻易跳过而不照做。为什么？因为你用手机当闹钟。

可是你想想：要是拿手机当闹钟，这无异于保证你起床时第一个接触的就是手机。所以，请花点儿时间为即将到来的“驱逐”做好准备：找一个或买一个闹钟，别用手机。

科技和奴役的区别在于，奴隶能够充分意识到他们不是自由的。[1]

——纳西姆·尼古拉斯·塔勒布（Nassim Nicholas Taleb）㊀

02
第2周
改变习惯

在《习惯的力量》（*The Power of Habit*）这部著作里，记者查尔斯·都希格（Charles Duhigg）将习惯定义为“我们在某个时候刻意做出的选择，后来我们不去想了，却往往每天都会继续做下去”。如其所述，每个习惯都是由三个部分组成的循环。

㊀ 纳西姆·尼古拉斯·塔勒布：黎巴嫩裔美国人，知名思想家，哲学随笔作家，以《黑天鹅》（*Black Swan*）一书闻名。——译者注

1. 暗示［也被称为“诱因”］：“让你的大脑进入自动驾驶模式并展开某种行为”的一种情况或情绪。
2. 反应：惯性行为（即习惯）。
3. 奖励：“大脑喜欢的东西，可以帮助大脑在将来记住这一‘习惯回路’。”

例如，有一天，你觉得很无聊，看到桌上放着的手机（情绪和实物暗示），于是你拿起手机（反应），既分心了也获得了快乐（奖励）。这时大脑会把手机和缓解无聊联系在一起，不久之后你就会发现，只要你有片刻的空闲时间，就会去拿手机。

习惯是有益的：当一项任务或决定能够自动完成时，大脑就有空去思考其他事情。想象一下，如果每走一步你都要精神集中，那么走路回家该有多困难啊。但习惯也可能有害，而且可能导致成瘾行为，比如大脑学会了将就餐结束与香烟联系起来的话。

无论习惯是有益的、有害的还是中性的，都很难改掉。更重要的是，一旦习惯越过界线变为成瘾行为，就会被一些非常微小的暗示触发，微小到我们甚至不会去注意它。在2008年发表于《美国公共科学图书馆·综合》（*PLoS ONE*）杂志上的一项研究中，[2]宾夕法尼亚大学成瘾研究中心（University of Pennsylvania's Center for Studies of Addiction）的研究人员向22名正在康复的可卡因成瘾者展示了相关的图像暗示，同时让他们接受脑部扫描。尽管这些图像只显示了33毫秒（大约是眨眼时间的1/10），但受试者大脑的奖励中心还是会被激活，这和看到屏幕上显示相关图像的时间明显加长时所产生的效果是一样的。

这无疑是个坏消息。好消息是，虽然习惯不能完全根除，但可以改变。最简单的方式就是调整我们的生活和环境，避免接触那些触发习惯的事物，另外对于那些我们已知的可能会触发习惯的特定情况，我们要提前决定遇到时该如何反应。这就是我们本周要关注的内容。

我觉得单凭意志力应该就足以改变或打破我的习惯。但是从我过去与一些成瘾行为的斗争就可以看出来，光有意志力是不够的。

——本

第8天（周一）
关掉通知

还记得那个著名的实验吗？生理学家伊万·巴甫洛夫（Ivan Pavlov）通过训练让狗一听到铃声就分泌唾液，每次给狗喂食的时候，他都会摇铃，所以（多亏了多巴胺）狗开始把铃声与喂食联系起来。最终，巴甫洛夫做到了让狗一听到铃声就流口水。

如果我们开启推送通知，让那些提示消息每天无数次地显示在手机主屏和锁屏上，这种条件反射也会发生在我们身上。大脑的本能会将暗示与奖励（以及我们对不确定性的焦虑）联系起来，而通知会利用大脑的这一本能让我们强迫性地看手机。每次你听到或看到一个通知，你就知道有一些新鲜事或者未知的东西在等着你，而这正是我们天生渴望的两种特性。

结果，这些通知不仅让人几乎无法抗拒，而且时间长了，还会产生巴甫洛夫式的条件反射：我们随时都会陷入一种期待或焦虑（因而分心）的状态，哪怕我们只是靠近手机而已。事实上，已经有证据表明，手机只是这么放在桌上，都能对亲密度、关系和对话质量产生负面影响，至于让人们在需要注意力集中的任务中表现得更糟，这一点就更不用说了。[3] 推送通知甚至会让我们产生幻觉。[4] 根据密歇根大学 2017 年的一项研究，超过 80% 的大学生都经历过"幻觉"振动或响铃。

通知也是劫持注意力以获取利润的一种非常有效的方法。营销和分析平台 Localytics 在一篇名为《推送通知成长之年》(The Year That Push Notifications Grew Up）的公司博客中报告称："2015 年，开启推送通知的用户平均每月打开应用程序 14.7 次，[5] 而没有开启推送通知的用户每月仅打开应用程序 5.4 次，也就是说，选择推送消息的用户打开应用程序的频次比选择不推送的用户平均多出近两倍。"

总而言之，手机的每一次响铃和振动都会引发大脑中的化学反应，让我们离开正在做的事情或身边的人，迫使我们查看手机，而这往往是为了别人的利益。推送通知将我们的手机变成了老虎机，并强化我们正试图改变的习惯回路。它们如此之邪恶，必须被消灭。

立即消灭

进入手机的通知设置，关闭所有通知，电话通知除外，如果需要的话，通信软件和日历通知也可以保留。

你不必永久关闭这些通知，但是一开始你需要将允许通知的数量减到最小。为什么？因为这样你就会知道，那些你决定开启的通知都是你真正想要的通知。(通信软件会分散你的注意力，但你可以选择保留它们，因为你需要通过它们与现实生活中的人保持实时通信；日历也可以保留，这样你就不会因为错过了预约就诊而责怪我。) 然后，每当你安装新的应用程序时，手机会询问你是否想开启通知，这时直接选“否”。

注意事项和提示

- 有人发现，关闭通知反而会让他们更加频繁地查看某些应用程序。如果发生这种情况，你可以重新开启这些应用程序的通知。但我建议你等一两天再这样做。因为更加渴望查看应用可能属于一种戒断症状，随着时间的推移，这种症状会逐渐消失。
- 通知不仅会以响铃和消息的形式出现在锁屏上，还会通过红色数字气泡的形式告诉你有新消息或新鲜事需要查看。把那些通知也关掉。
- 我所说的“关闭所有通知”还包括禁用电子邮件通知，邮件的红色气泡和收到新消息的提示音都要关闭。作为一个邮件成瘾者，我可以向你保证：你不会忘记查看它的。(最简单的方式是关闭“获取新数据”的设置，这样手机将无法在后台查收电子邮件。）

说到电子邮件，现在花点时间进入你的社交账号设置界面，对邮件通知进行自定义设置，这样你只会收到你关心的事情的电子邮件提醒，例如各种邀请。（你现在只能通过电脑执行这个操作了，因为之前我让你删除了这些应用。抱歉！）其实当你主动选择登录社交账号时，你还是能看到所有这些更新的；这样做只是为了减少你因为查看邮件通知而跳转回社交媒体，进而再次陷入社交媒体旋涡的可能性。

我真的很喜欢给手机调静音，把通知减到最少。这带来了翻天覆地的变化，它让我更好地活在当下。

——克丽丝特尔

邮件专业技巧：VIP 的作用

你不愿意关掉邮件通知，可能是因为你不想错过一些人的邮件，比如你的老板。解决方案就是创建一个重要人员（VIP）列表，然后给手机设置成只接收这些人的电子邮件通知。

第 9 天（周二）
改变人生的魔法之应用整理

正如我们在第一部分“觉醒”中所说的，手机上的大多数个性化选项都是为了增加而不是减少我们在手机上花费的时间。因此，让我们根据自己的利益对手机进行个性化设置。我们首先要决定哪些应用程序是真正想要装在手机上的。

第一步就是根据两个标准对应用程序进行分类：是否可能窃取你的注意力（也就是吸引你）以及是否可能改善你的日常生活（使你的生活更加便捷，或者给你带来愉悦或满足）。这样能分出来（最多）六类应用程序。

1. 工具类

例如：地图、相册、相机、密码管理器、拼车软件、温控管家、安全系统、银行软件、天气、音乐、电话。

这些应用程序可以改善你的生活，而且不会窃取你的注意力。只有这些应用可以保留在你的主屏幕上。

为什么？因为它们的用途很实际，不会有太大的诱惑力。它们可以帮助你完成某项具体的事情，又不会像个黑洞一样让你深陷其中。

请注意，电子邮件、游戏、购物网站和社交媒体都是潜在的“黑洞”，所以它们不能出现在你的主屏上。新闻应用也不建议留在主屏上。互联网浏览器则需要你自行判断。

如果你发现所选的应用程序太多，单个屏幕无法容纳，那么请根据你想要使用它们的频率来划分优先顺序。你可以将其余的应用挪到同一屏幕的一个文件夹中，或者如果你真的想尽量减少诱惑，那么就把所有应用都放入文件夹中，这样它们的图标就会缩小，甚至无法辨认。记住，主屏幕不需要填满。

如何整理应用程序

移动应用程序，首先要点击并按住应用图标，然后拖动图标到新的位置（如果要放在其他屏幕上，可以直接拖过屏幕边缘）。

创建文件夹，首先将一个应用图标拖到另一个应用图标上，然后放开。这样文件夹就创建好了，之后你可以重新命名该文件夹。

2. “垃圾食品”类

例如：社交媒体应用、新闻应用、购物应用、浏览器、通信应用、房地产应用、游戏、电子邮件。

这些应用的趣味性或实用性相对有限，但是一旦开始使用，你就很难停下来。它们有时可以改善生活，但也可能让你无法自拔。

关键是要判断它们窃取你的注意力更多，还是改善你的生活更多。如果应用的风险大于好处，那就删除它。（不用犹豫不决，因为你随时可以把它装回来。）如果这款应用程序带给你的乐趣超过了它的风险，那你可以将其放至手机的副屏幕，并隐藏在文件夹中，最好给文件夹起一个标题，让它提醒你在打开应用之前三思。对大多数人来说，电子邮件就是一款“垃圾食品”类应用程序。

我把约会软件放进了一个名为“额呃呃呃”的子文件夹。

——丹尼尔

还没决定?

包括大多数社交和约会应用在内的应用程序介于“垃圾食品”类和下面提到的“老虎机”类之间。如果你无法确定某个应用程序属于哪一类，那就先卸载几天，看看感觉如何。

3.“老虎机”类

例如：社交媒体应用、约会应用、购物应用、游戏。

我们手机上的每个应用程序都是多巴胺触发器，但“老虎机”类应用是最糟糕的。这类应用不仅不会改善你的生活，还会窃取你的注意力。

以下这些迹象表明某款应用程序属于“老虎机”类或“垃圾食品”类：

- 打开它时，你会有一种期待感。
- 你发现很难停止使用它。
- 使用之后，你会对自己感到失望、不满意或厌恶。

“老虎机”类应用一无是处，请直接删除。

如何处理游戏软件

如果你觉得游戏软件是个大问题，不妨试试这个方法，这是一个游戏迷给我推荐的。首先，删除游戏。其次，你想玩某个游戏时，再重新装回来。玩够了以后，再次删除。按需反复如此操作。注意：你也可以将这一策略用于约会软件，想用的时候重装即可。

只要游戏留在手机上，我们就很容易成为游戏的奴隶。大多数游戏都没有结局，只会不断地增加难度越来越高的新关卡。最好就是暂时享受一下，然后卸载。

——达斯汀

4. 杂七杂八类

例如：我在 2012 年安装的“二维码扫描器”(QR reader)，从那以后就再也没有打开过。

这些应用程序你从未真正使用过。它们不会窃取你的注意力，但也不会改善你的生活。

你对这些应用程序的处理方式可能会反映出你对生活中废旧杂物的态度。有些人很容易就能意识到这些程序无关紧要，然后把它们删掉。有些人则把它们藏在手机桌面第三页的文件夹中，就像满满的衣柜一样，继续无视它们的存在。对于这一类应用，我想让你猜一猜我会推荐哪种处理方式。

5. 功用类

还有一些应用程序有一些实际用途，但对日常生活的助益有限，还不能完全算是工具类程序（例如，“查找 iPhone”这个应用程序可以通过“哔哔”声与我的洗衣机通信，然后告诉我它出了什么问题）。可以将这些功用类程序放在第三页的文件夹中。

> 挺奇怪的，将应用商店移出我的主屏幕感觉好棒啊！我讨厌看到总是有东西要更新，感觉就像是永远有做不完的事一样。
>
> ——费利西亚

6. 无法删除类

有些应用程序是你无法删除的，因为手机不允许，要我说这真是太卑鄙了。你可以将它们隐藏在第三页的文件夹中，名称自取。

文件夹是个好办法

我希望你能把应用程序放进文件夹，即使这可能导致大部分屏幕空置，主屏幕也许可以除外。文件夹的意义不仅在于整理（尽管它确实可以缓解某种强迫症），还在于保护你自己：如果你把应用程序放到文件夹里，应用图标就会变得很小，当你滑到其所在页面时，无法立即看到应用程序具体在哪儿。

这意味着，你不会仅仅因为碰巧看到应用图标（即，引起反应）

就打开应用，而是必须主动想要打开它。这有助于你养成一种好习惯，也是我强烈建议的一个习惯，即通过在搜索栏中键入应用程序的名称来打开应用，而不是滑动浏览各种应用程序，然后随便看到任何一个应用都会被它抓住眼球。文件夹还能防止一种常见的习惯，即当你打开一个应用之后，就会陷入“应用循环”，每次一拿起手机，你都会无意识地重复查看。

灰度模式的威力

如果你已经整理了应用程序并将其放入了文件夹，但仍然觉得手机的诱惑力太大，那么你可以尝试将手机的显示从彩色模式调成灰度（黑白）模式。它会让你的手机看起来像一个黑白复印件，结果证明手机的吸引力会因此大打折扣。

手机小妙招

如果你的应用程序太多，给它们分类好像无从下手，那么请打开手机的设置，进入电池界面。你应该能看到最近打开的所有应用的列表以及它们消耗的电池电量百分比。通过这个列表你能知道哪些应用程序使用最多，从这些应用着手会是个不错的选择。

菜单栏

大多数人从来没有想过去动菜单栏，因为它们位于屏幕底部，所以看起来好像无法变更。其实菜单栏是可以定制的。我们现在就来重新设置一下。

如果你还没有这样做，那么现在就把电子邮件从菜单栏中移除，放到手机桌面上，最好收进文件夹里。如果菜单栏中还有其他吸引注意力的软件，比如通信软件或互联网浏览器，你也可以将其移走。

如果愿意，你可以空着菜单栏，或者选择几个你想快速访问的工具类应用程序移入菜单栏，比如电话或者密码管理器。

你的新手机

在个性化整理过程的最后，你的手机应该变得和 Container Store[㊀] 的商品目录一样分类整齐，我希望这种变化也能让你感到同样舒适。

- **菜单栏：**精选的几个应用。
- **主屏：**工具类应用。
- **副屏：**过滤挑选后的“垃圾食品”类应用、电子邮件。
- **三屏：**功用类、无法删除类、杂七杂八类应用。
- **删除：**“老虎机”类应用程序，以及所有让你深陷其中却鲜有实际用途或带给你快乐的“垃圾食品”类应用程序。

整理我的手机，让它看起来不那么乱糟糟，这让我感到平静，不管是审美的舒适，还是干扰的消除。因为手机上只留了我“需要”的应用程序，所以我也不太可能漫无目的地刷应用了。

——迈克尔

㊀ 美国一家专门售卖储存及收纳整理工具的商店。——译者注

第 10 天（周三）

换个地方充电

我们已经重新整理了手机，把手机的诱惑降到了最低，现在我们要对手机之外的环境做同样的调整，首先就是许多人面临的最大问题点之一：卧室。

很多人都抱怨，早上起来第一件事就是习惯性地看手机，晚上睡前也是看手机（就连半夜也是如此）。我们当然会这样做，因为我们就连睡觉也会把手机放在触手可及的地方。

打破这一习惯最简单的方法就是，让你躺在床上拿手机的难度加大。要想做到这一点，最简单的就是给手机和其他互联网移动设备准备一个充电站，不能放在卧室，或者至少不能挨着床边。（如果你还没找到一个替代手机闹铃的闹钟，请现在立即去准备。）

这样做并不意味着你不能在这些时间里随心所欲地查看手机或互联网设备，如果你发现自己凌晨 2 点独自站在插座旁眯着眼盯着手机的小屏幕，也不代表你在某种程度上失败了。这样做只是为了将你晚上和早起查看手机这一无意识的习惯变成一种有意识的选择。

所以现在就开始吧：选择一个新的充电的地方。等你一到家，立刻把充电器从卧室拿出去，插到新的充电地点，或者如果你已经在家的话，现在就去做。然后从卧室里取出所有多余的充电器，把它们存放在不同的房间里（或者，如果你住在单室公寓或宿舍，那就把它们收进抽屉里)。你只是不在睡觉的房间里给手机充电，仅此而已。

- 为了获得最佳效果，你的家人也应该这样做。所有手机都应该在一个位置充电，这样就很容易判断是否有人作弊。有个办法可以让你的孩子、室友、伴侣或父母加入，那就是准备一个存储罐当“手机银行”，任何人作弊都要往罐子里交罚款。同时，大家共同约定做一些不需要手机参与的有趣活动，比如一起吃晚餐。等到“手机银行”存满的时候，就可以用这些钱来组织一次活动。
- 如果你遇到了阻力，那么请告诉阻碍你的人，你正在努力减少智能手机的使用，因为你想与你关心的人更加亲近，包括他们。
- 理想的状态是，你根本看不到手机，除非你有意识地决定去查看它。一种技巧是在你上班（或上课）的时候给手机充好电，然后整晚放在包里或大衣口袋，这样你在出门之前就不会看到它。
- 如果你担心因为手机在另一个房间而错过重要电话，请打开响铃模式。(但是要确保通知铃声已经关闭，这样就不会有通知不断地丁零作响。) 这实质上是把你的手机变成了固定电话，而且可以在家里、公寓里、房间里自由移动，再也不用把它绑在你身边。

那么现在告诉我：今晚你的手机会“睡”在哪里呢?

把手机从我的房间里拿出来是我多年以来一直想做的事，现在终于做到了，而且极大改善了我的睡眠。这样做可以迫使我暂时放下那些正在进行的聊天（主要是短信和电子邮件），从而防止我因为这些对话而过度焦虑。我其实根本不用立即回应的。

——达斯汀

第 11 天（周四）
为成功做好准备

前面我们已经消除了一些让我们习惯性拿起手机的触发因素，现在我们来添加一些新的触发因素：做一些积极的准备，以便使我们更有可能去做自己想做的或者知道自己喜欢做的事。换句话说，我们要努力帮自己从一个消极的目标（少用手机）过渡到一个积极的目标：达成所愿。我们要努力养成使自己更快乐、健康的习惯。

比如，如果你不想让自己边开车边发短信，那么要做的第一步就是，当你坐到车里时，把手机放在够不着的地方（规避“触机”）。下一步可能是计划一些积极的备选活动。你可以把最喜欢的电台收藏到车载收音机里，或者在出发之前打开你一直想听的播客，点击“播放”。一个曾经喜欢开车发短信的人干脆在他的仪表盘上贴了个便条，上面写着：“唱歌吧！”

还有下面一些其他的想法。

- 如果你想每天早起冥想，那么提前想好你要冥想多长时间，以及冥想的目的是什么。选择一个冥想的地方，让这个地方尽可能平静无干扰。
- 如果你想读更多的书，那么就选一本你感兴趣的书或杂志，把它放在床头柜上、包里或口袋里。
- 如果你想演奏更多的音乐，那么就把乐器从盒子里拿出来，放在你能看到的地方。
- 如果你不想在睡觉前把手机带进卧室以安抚自己，那么就把卧室收拾成一个没有手机也可以很安心的地方。准备一套漂亮的床单。挂一些能让你平静下来的图片。用一些薰衣草精油。

请花点儿时间思考你能对所处环境做出哪些改变，以便使你想做的事更可能做成。然后去实践这些改变。

我可以在前一天晚上把运动服放在卧室的椅子上，这样我就更有可能在孩子们出门后去跑跑步或走一走。

——克里斯汀

认清真正的奖励

我希望到了“分手”的这个阶段，你已经意识到了习惯背后的奖励——当你拿起手机时，你的大脑真正追求的是什么（比如与人联系、新信息、分心、缓解无聊、逃避、暂时放下手头的工作）。

如果你不太确定自己是否真的看清了奖励，那么可以自己做一些试验。例如，如果你认为自己是为了分心而拿起手机，那就换一种休息方式，比如喝杯咖啡，或者和朋友、同事聊聊天。如果这打消了你对手机的渴望，那么你已经成功地识别了手机背后的奖励，而且你还找到了获得这种奖励的替代方式。如果对手机的渴望没有消失，那么就测试其他假设。一旦你弄清了奖励为何，就可以想想其他能够达到同样效果的事情，除了拿起你的手机。

第 12 天（周五）
下载屏蔽软件

我们倾向于认为我们和手机的关系就是非黑即白的关系：如果我们允许自己访问一个应用程序，那么我们就会担心其他所有具有诱惑力的应用程序也会被打开。

但其实不必如此。解决方案就是下载一个屏蔽软件，这个软件可以阻止你访问那些可能让你沉迷的网站和应用程序，同时又能让你继续使用手机的其他功能。

首先，你得承认（并克服）这种讽刺性，即你要利用一款软件来防止自己访问其他软件。接着，用这个软件针对一些问题网站和应用程序建立“屏蔽列表”，并分门别类进行设置。比如，我的列表包括“新闻”“专心工作”“极致夜晚”和“周末早晨”。

然后，当你想要一段时间不受干扰（或者想用手机做些事情而不必担心诱惑）时，你只需要启动一个屏蔽会话，指定要启用的屏蔽列表以及屏蔽时长。（有关屏蔽软件的具体建议，请参阅书后的“推荐资源”。）

有的屏蔽软件允许你提前设置屏蔽活动，这是个改变习惯的好方法。（如果你想在睡前停止查看社交媒体，只需设置好睡前访问限制即可。）有的屏蔽软件还有一个额外的好处：能够跨设备限制访问网站和应用程序，这意味着如果你在手机上设置了某些限制，那么你也无法通过电脑查看的方式作弊了。

当你需要在工作或学习中使用社交媒体应用时，屏蔽软件的用处就会格外明显。当你知道某个应用程序会引发问题，却又不忍彻底卸载，例如没有浏览器版本的约会应用程序，这时屏蔽软件就可以发挥作用了。如果你必须要使用这些应用程序，那么可以利用屏蔽软件提前设置时间表，这样你就只能在一天中的特定时间内使用它们。我的屏蔽软件主要是用来防止自己过度浏览新闻：既然我已经知道自己无法从手机上打开这些网站或应用程序，我就不会再有尝试的冲动了。（而且不知道为什么，我了解的信息好像也没有因此变少。）

第13天（周六）
设置界限

我们已经为自己设定了一些数字界限，现在是时候设定一些实质界限了。

1. 设立“手机禁区”

“手机禁区”，顾名思义就是不能使用手机的地方。完全禁用。设立“手机禁区”真的很棒，因为有了它，当下什么决定都不用做了，而且有助于减少冲突：如果餐桌上不允许出现手机这件事是大家都清楚的，那么你就不用每天晚上为此发生新的争执了。

花点儿时间为自己设立几个“手机禁区”，情况允许的话，你还可以让家人或室友参与进来。我建议从餐桌和卧室开始：禁止在餐桌上使用手机可以让人们彼此凝聚，而禁止在卧室使用手机可以改善睡眠。

你的“手机禁区”生效日期应该是今晚，而且在30天试验的剩余时间里，这些“禁区”应该维持不变。

手机不能出现在餐桌上！我要试着让我的丈夫也这么做。我最终会拿起手机，一部分原因就是他在玩手机。

——艾琳

2. 给手机设置一个唤醒时间

你也可以根据时间设立“手机禁区”。例如，下午6点以后不能查看电子邮件。既然现在是周末，那我们把重点放在早上吧。下面两点是我希望你能做的。

- 为手机设定明早的唤醒时间，至少应该是你起床后一小时。
- 在手机睡眠的时候，选择做一些恢复身心或有趣的事情。例如，看书、与宠物玩耍、做一顿丰盛的早餐。

有两种方法可以设置手机的唤醒时间。第一种方法是把手机调成“飞行模式”（或关机），然后放在看不见的地方充电，直到手机被唤醒。第二种方法是利用新安装的屏蔽软件执行手机唤醒时间。当你想要访问手机上的某些功能，又想禁用其他功能时，这种方法非常有用。例如，你想要跟别人一起共进早餐，但又不想错过电话或短信，或者你想去散步，同时又想用手机照相。那就创建一个屏蔽列表，把容易诱发问题的应用和网站放进去，再给它起一个动人的名字（比如“周末小憩”），然后开启屏蔽活动。如果你的屏蔽软件有这个功能选项的话，你甚至可以提前将屏蔽活动设置为重复开启，这个方法能够很好地帮你找回周末早晨。

我发现，如果我没有早上一起来就拿手机，我会在接下来的一天时间里跟手机保持更好的关系。

——琼

第 14 天（周日）
不做“低头族”

“低头症”是指低头玩手机而怠慢了别人。吃饭时把手机放在桌子上？这是“低头症”。跟别人说话的时候看手机？这是“低头症”。派对上发短信？这是“低头症”。这些行为已经如此普遍，以至于我们往往根本意识不到自己在当“低头族”。但我们就是如此。

你可能已经开始减少“低头症”行为了，这多亏了目前为止你为“分手”所付出的努力。但我们还是要正式明确一下：从现在起到我们试验结束，请尽你所能减少“低头症”行为——从今天开始，吃饭时不要把手机放在餐桌上。（如果你已经将餐桌定为“手机禁区”，那你就领先一步了。）

查看手机就像挖鼻孔：这本身没什么问题，但你不应该让别人看着你这么做。

——亚历克斯

“低头症”法则

手机应该给你们的互动做加法，而不是减法。

- 可以拿出手机：如果有关各方都认为手机能增加互动，比如向朋友展示你的度假照片。
- 不可以拿出手机：如果你正在利用手机逃避你应该参与的互动（例如，你厌倦了这场对话，于是开始给别人发消息）。

如何处理其他人的手机

“低头症”如此棘手的一个原因就是，你“低头”的时间越少，就容易注意到别人对你“低头”。

与朋友、同事和同学一起吃饭有时会特别艰难，因为即使你把自己的手机收起来了，他们的手机也可能放在桌子上。

如果家里来客人，你可以试着让他们把手机放在门边的收纳盒里。一开始他们会认为你是个十足的怪人，但当他们离开时，他们可能也会考虑采取同样的方式。

如果外出，你可以把自己的手机收起来，在查看手机之前要特别征求用餐伙伴的同意，这相当于问对方“你介意我接个电话吗？”你的朋友可能会困惑地看你一眼，就好像刚刚你在请求他允许你呼吸一样。这时你可以借机向对方解释，你请求许可的原因是你不想因为玩手机而怠慢别人。这不仅是一个有趣的话题，而且会让你的朋友稍微感到不自在——如果他们想要拿出手机玩的话。

一开始你可能会觉得有种被强迫和控制的感觉（因为一开始，这就是在强迫和控制下才能做到的）。可是一旦你养成了不把手机放桌上的习惯，就会开始真诚地想要请求别人的许可，不想表现得粗鲁。

如果你和一个好朋友在一起，你们可以把这变成一个有趣的仪式。比如，我和我的几个朋友聊天时，如果有事需要查看手机，我们会经常使用“你同意我使用手机吗”和“同意使用”这种简单的问答来达成共识，确保不会有人因此觉得被怠慢。

当你和朋友出去吃饭，而他们全都在玩手机时，你可以把他们玩手机的样子拍下来发给他们，并写上“我想你啦！”

——内特

如果你是家长、领导或老师的话

如果你可以做主的话，处理别人玩手机会比较容易。前面已经说过，把餐桌设为“手机禁区”是一种减少“低头症”的方法。如果你的职位允许，你也可以禁止在会议或课堂上使用手机。

如果你认为你的孩子、下属、学生无法接受彻底禁用手机，那么可以允许他们在吃饭、上课或开会的时候享受一分钟的“科技小憩”，让他们查看手机。这是心理学家拉里·罗森的建议，他是一位科技行为学教授，著有一本名为《i成瘾》（*iDisorder*）的书，这本书讲述了手机是如何导致人们出现注意缺陷多动障碍和强迫症等精神障碍的症状的。

制订规则最棘手的地方在于你自己必须遵守规则。不要像个混蛋一样，告诉孩子不能在餐桌上看手机，结果却把自己的手机放在身边。

如果你是个孩子，而你的父母低头玩手机

大声指出来！在承认自己对手机上瘾这方面，父母是做得最糟的。他们也特别容易因为自己现在正在做的事可能会对你以后产

生不好的影响而感到内疚。你可以直接表达你的反对意见（“请不要再低头玩手机了”），或采取更激进的表达方式（“我希望你知道，当我们在一起的时候，你在手机上多花一分钟，我以后需要的心理治疗时间就会多一分钟”）。

当你和别人在一起时，如何回复电话和短信

先考虑不回应。(最坏的情况能是什么呢？其实我们都有点儿夸大了自己的重要性。) 当你和别人在一起时，如果你决定接听电话或短信聊天，那么你可以选择离开房间，即使你在家里。这样不会太粗鲁，而且你也会因为不得不这么做而感到厌烦，于是你就不太可能会在吃饭的时候接电话或在桌子底下发短信了。

如何确保紧急情况下的联系畅通

如果你担心不把手机放在面前的桌子上会导致你错过别人的紧急电话，那么你可以调整“勿扰模式”设置，允许选定的联系人组来电。你可以花点儿时间创建一些联系人组，也可以将选择的联系人加入“个人收藏”列表，然后将手机设置为“勿扰模式”，并将“个人收藏”中的联系人加入“允许来电”范围。

此外，值得注意的是，大多数“勿扰模式”都有一个功能：如果同一个人三分钟内来电两次，那么其第二个来电会绕过“勿扰”设置，如果真的有人迫切需要联系你，想必会重复来电的（尤其是如果你提前告诉他们这一情况的话）。

无论是工作项目、家庭作业还是像看电视节目这样简单的事情，我们在一个信息块上保持专注的能力受到了严重损害，我们认为现代科技是罪魁祸首。[1]

——亚当·加扎利、拉里·罗森，《一心多用》

03
第3周

夺回大脑

在“觉醒”部分，我们谈到了每天玩几个小时手机给我们的注意力持续时间、记忆力、创造力、压力水平和整体生活体验带来的负面影响。

现在我们要想办法消除一些影响。

本周的许多练习都受到了正念的启发。正如你所知，我们注意到了自己使用手机的时间、原因及其带来的感受，这样已经是在练习正念了。但我们现在要更进一步，我们要探索如何使用更正式的正念练习来重新训练我们的大脑，提高注意力持续时间。

第 15 天（周一）
停下来、深呼吸、专注当下

“停下来、深呼吸、专注当下”，这个正念练习是我从宾夕法尼亚大学正念项目负责人迈克尔·拜姆（Michael Baime）那里学到的。你可以用它来提醒自己拿起手机之前暂停一下，或者在你感到焦虑或烦躁的时候让自己平静下来。

“停下来、深呼吸、专注当下”如其字面含义：停下你正在做的事，做一个缓慢的深呼吸，关注你在当下经历的所有细节。具体方式有很多种，比如注意身体的感觉、观照思想和情绪、注意周围的环境。

“停下来、深呼吸、专注当下”的目的是在你的冲动和反应之间再创建一个“减速带”，给你一点儿重新调整的时间，让你能够决定自己真正想去的方向。如果你想用它来阻止自己习惯性地拿手机，你可以试着再加上一轮“3W”练习（“为什么要做、为什么现在做、还有什么可以做”），相关描述见第 5 天的试验。

今天，我希望你能做至少两轮“停下来、深呼吸、专注当下”的练习，现在开始第一轮。

我的身体很紧张，特别是胸腔。接受这一刻的感受，没关系，呼吸。

——艾米丽

我的兰花有一个花蕾开花了。直到现在我才注意到。

——达拉

第16天（周二）

练习停顿

今天我们要开始做一个既简单又困难的练习：保持静止。我们往往会认为“静止”是“无聊”的同义词，的确，我们经常会用这两个词来描述同一种心理状态。但是，“无聊”这个词带有一种被困的感觉，静止则让我们有机会获得平静。

静止还会给大脑提供必要的空间，让它保持创新，产生新的想法。所以，让我们试着有意识地腾出时间保持静止。

首先，确定几种情况，想想你在什么情况下会经常用手机打发一点儿时间（我说的“一点儿”是指10秒～10分钟），例如乘电梯、等着过马路、打车、上厕所、吃午饭。

接着，从这些情况中选择两三种，最好是你今天会碰到的情况，然后向自己承诺要保持静止。明天再选几种情况，还是同样的做法。从现在开始到我们一起试验结束，试着将少量的静止练习变成每天的常规操作。

还有很多方法可以保持静止，比如盯着天花板、注意周围的人、品尝正在吃的东西、望向窗外的天空。做什么并不重要，重要的是别分心。

起初你可能会感到身体和情绪上的焦躁不安，就像你的大脑在“砰砰”撞门，通常这扇门是开着的，现在大脑意识到门被锁上了，所以它感到恐慌。但只要几分钟甚至几秒钟，大脑就会疲惫不堪。它会停止撞门，然后开始注意自己所在的这个房间。谁知道呢？也许它就喜欢上待在那儿了。

我发现我在回家的路上想要玩手机打发时间，因为我很不耐烦，还有九站才到，这时我把手机放在包里，坐在那儿，什么也不做。这样做真是太放松了，它让我在一天结束时放松了下来，否则我的生活就是：办公室手机邮件不断，地铁上手机邮件不断，最后回到家里，应该还是工作不断。

——雅尼娜

第17天（周三）
增加注意力持续时间

既然我们已经开始有意识地练习静止，那么下一步我们就要努力加强注意力，重建忽略干扰的能力。和其他技能一样，你练习保持注意力的次数越多，就会做得越好。

今天，我们要尝试一些非正式的方法，让你每天进行一次注意力培养练习。可以从这个方法开始：每天花上一段时间（比如步行去上班或上课的路上）积极专注于某件事。你可以思考一个目前正在处理的专业或个人的项目或问题，也可以加强某些心理技能，比如心算两位数相乘。（不要还没试就说不行。）做这些的目的在于通过保持专注来培养专注能力。

你也可以试一试其他非正式的方法。例如，你可以洗一个“音乐浴”：舒适地闭上眼睛，仔细聆听一段你最爱的音乐，越仔细越好，然后试着听出每一种乐器。你还可以写日志，上瑜伽课，给亲友或导师寄一封手写信。

或者，你可以做一件更加简单直接的事情：阅读纸质书，同时关掉手机。沉浸书香不仅是一种非常放松惬意的体验，而且是一种很棒的心理训练，它刚好可以增加我们的注意力持续时间，引导深入思考和创造性思维。

为什么？因为从文字符号中提取意义需要大脑保持对这些符号的关注，同时忽略周围发生的一切。随着时间的推移，定期阅读会使大脑中负责推理、处理视觉信号乃至记忆的区域发生生理性变化。[2]

换言之，学习阅读不仅使我们能够存储和检索信息，还会从实质上改变我们的思维方式。它能重组我们的神经回路，帮助我们激发创造力、解决问题的能力和洞察力。它还能提高我们保持注意力的能力。事实上，许多学者认为书面语言的发展是文化发展不可或缺的一步。

正如塔夫茨大学儿童发展心理学教授玛丽安娜·沃尔夫（Maryanne Wolf）在《普鲁斯特与乌贼》（*Proust and the Squid*）这本关于阅读的书中所写："因为阅读而学会了自我重组的大脑更容易产生新的想法。"[3]

在本次试验的剩余时间里，请在日常生活中加入至少一项注意力培养练习，从现在开始。

我坐在车里，听着美国国家公共广播电台（NPR）播放的故事，一边听一边等着商店开门。这种感觉很好，真的，只是坐着，什么也不干，单纯地听一个故事，感觉好棒啊！

——珍妮

做好一件事才能做好每件事

我最喜欢的练习之一是每次只做一件事：选择一件家务，比如叠衣服或切洋葱，然后全神贯注。改变这些小事的处理方式可能会对你在生活其他方面的处理方式产生意想不到的影响。俗话说得好："做好一件事才能做好每件事。"下次你刷牙的时候不妨想想这句话。

第 18 天（周四）

冥想

如前所述，集中注意力不仅要选择专注的内容，还要忽略其他一切。特别是后者需要花费很多功夫，因为我们本身就容易分心。正如神经学家亚当·加扎利所说，“忽略是一个主动的过程”，[4]它需要我们的前额皮质进行自上而下的控制，抑制大脑某些区域的活动，以便突出我们专注的对象。我们越善于忽略，就越善于专注。事实证明，能够忽略干扰对我们的工作和长期记忆也有好处。[5]

今天，我们将尝试一种正式的注意力培养练习，叫作“正念冥想”，已被证明可以降低焦虑水平，增加认知控制，使你更加容易进入“心流”状态。

做正念冥想时，你需要从当下的体验中选择一个用于专注的对象，比如你的呼吸、外界的声音、身体的感觉，甚至是想法的来来往往，然后你要努力在一段时间内对其保持专注，不要评判自己或试图改变任何事情。

马萨诸塞大学医学院正念中心创始人乔恩·卡巴金（Jon Kabat-Zinn）称之为“无为”状态。如果你觉得这听起来很容易，相信我：这一点儿也不容易。即使是注意力持续时间没有因为手机受损的人也会发现，想要保持对某件事的专注，一点儿也不走神，几乎不可能。而这不仅是完全正常的，也是大脑的天生特质。我的一位冥想老师就常爱这样说：“你的大脑会走神，因为它是大脑。”

应对的诀窍在于，不要在大脑走神时与之对抗。一旦你发现注意力转移了，不要批评自己，只需轻轻地将它拉回来。在练习过程中，你可能需要这样重复多次，可能每隔几秒钟就得来一次，这取决于你多快才能发现注意力转移了。这完全是正常的。其实你注意到自己走神，这件事本身就表示你做对了。

如果你最近经常使用手机，你可能会发现这个练习特别困难。但是，你越觉得它难，就越要去做——你做得越多，就会做得越好。

今天，我想让你尝试一个简短的正念冥想。你有两种方式可以选择，一种不用手机，一种用手机。

如果你不想用手机，那就设置一个计时器，闭上眼睛，试着把注意力完全集中在呼吸上，持续五分钟。当你走神时（这是必然的），轻轻地将注意力带回到呼吸上来，一次一次又一次。（你也可以借助念珠来完成，每拨动一颗念珠呼吸 2～3 次。）

还可以利用互联网或手机引导冥想。惊讶吧？是的，我也知道这个建议挺讽刺的。但就像我们之前尝试屏蔽软件一样，手机在这种情况下可以成为一个非常有用的工具。有许多优秀的在线引导冥想和冥想应用程序可以选择，其中大多数都有免费版本（具体建议请参阅书后的“推荐资源”）。

如果你担心在冥想前后或者做冥想的过程中再次深陷手机诱惑，可以利用屏蔽软件限制冥想期间访问其他应用程序。你还可以在整理完没多久的手机主页上找一个显眼的位置放置冥想应用程序，借此减少其他应用的诱惑，从而让你更有可能把冥想练习坚持下去。

现在请选择其中一种方式，尝试 5～10 分钟的冥想。如果你觉得这种练习很有趣，可以试着每天都做一小段冥想，把它变成日常生活的一部分。坚持下去，等到“分手”结束时，你就会有两周的冥想体验了。

现在我已经开始定期做冥想练习了，我的注意力持续时间在缓慢但稳定地增长，不满足感和永远有事情没有完成的感觉也在减少，这让我深受震撼。

——瓦妮莎

第 19 天（周五）
准备“试分手”

好消息！整个过程的“分手”部分差不多就要完成了。但在进入最后阶段，即与手机“和好”之前，我们还需要做一件事：24 小时的“试分手”。你应该已经把这件事安排在你的日历上了，那么现在是时候付诸行动了——放下你的手机。

今天，我们的目标就是做好准备。下面要做的这些事可以让你的“试分手”尽量简单且有效。

确定好你的“试分手”目标

我们一直都在针对智能手机讨论“分手”问题，但我强烈建议不要使用任何带有屏幕的联网设备，包括平板电脑、智能手表、笔记本电脑和台式电脑。像 Alexa[㊀]这样的智能语音设备以及电视、电影是否要包括在内，这取决于你，不过我个人建议完全避免使用屏幕。这个试验本来就该彻底一些。

提前通知别人

告诉你的父母、朋友、室友、老板和所有可能在接下来的 24 小时内联系你的人。（这既是为了帮你做好准备，也是对他人负责！）

号召别人加入

理想情况下，你家里的每个人都应该加入 24 小时“试分手”中来。说服朋友一起做这件事也会很有趣。

制订计划

做好计划，把之前通常花在手机上的时间用来做一些令人愉快的事情（以及与他人一起共度时光）。（可以参考第 6 天中的问题答案。）

使用打印版路线图

如果你要开车去一个新的地方，提前打印好路线图或写好行车方向。（是的，在这 24 小时内，你将不得不在没有手机的情况下自行识别方向。）记住：你可以随时问路。

㊀ Alexa 是亚马逊旗下的智能音箱、智能语音助手。——译者注

准备一个便笺簿或笔记本

用它列一个“手机待做事项”，写下“试分手”结束以后你想做或想查看的事情。（等到重新开机时，你可能会发现你对这些事项其实毫不在意。）

设置语音信箱问候语

如果你觉得有必要的话，可以设置语音信箱自动回复，解释一下你当下的情况。

准备一个电话本

如果你有固定电话，那就把你认为可能会联系的人的电话号码写下来。拨打固定电话没有限制，因为这是为了与他人保持实时联系。

使用呼叫转移

说到固定电话，你还可以将智能手机的所有呼叫转移到固定电话。操作方式因运营商而异，所以请提前去网上搜索相关信息。

设置非办公时间自动回复

如果你担心无法及时回复电子邮件，那就设置一个邮件自动回复（通常称为“假期回复”），解释一下当前的情况。

设置短信自动回复

如果你担心错过短信，请设置短信自动回复（请参阅书后的“推荐资源”）。这样每当有人给你发短信时，他们都会收到一个自动回复，告诉他们当下你不会查看短信（同时也可以告诉他们联系你的其他方式）。我特别喜欢使用短信自动回复功能，有了它我就能更加容易放下手机。而且，每次设置了自动回复，我都会收到朋友发来短信问我怎么设置的。

第 20～21 天（周末）
“试分手”

你可以在本周末期间选择任意 24 小时进行“试分手”。首先你要确保自己做了一切必要准备。然后等到时间一到，你就可以关掉手机和其他所有决定暂时停用的设备，把它们藏在看不见的地方。不是设置“飞行模式”，而是彻底关机。

可以进行一个简短的仪式，用来标志“分手”的开始。我个人喜欢在周五晚上的晚餐时间开始和手机“分手”：我会跟我的家人点燃蜡烛，手牵手，在吃饭前缓慢地呼吸三次。这样做能调整我们的心态，为接下来的周末时间定下良好的基调。

可能出现的情况

可能会有人发现，“试分手”并没有想象的那么难。但可能也会有人觉得这一过程的艰难和不适出乎意料。手机除了给我们提供许多实际用途之外，还会分散我们对情绪的注意。

如果你觉得烦躁、不耐烦或被莫名的不安感所淹没，不要惊讶。你这是在“戒断”。如果出现这种情况，你可以选择与这种不安同在——这是一个非常好的练习，即使它体验起来没有那么愉快。或者，你可以利用多出来的时间去做一件事先计划好的事情。（顺便说一句，我发现我当时竟然很难记得起来或者想得出来自己爱做的事，后来知道很多受试者都有同样的感受，我就放心了。）

另外，说一下注意力的问题：你可能会发现自己很难保持足够的注意力去完成想做的事情，即使只是读一篇杂志上的文章。如果出现这种情况，请以此为契机，做我们一直在尝试的注意力培养练习。

> 我本来以为这会很难，结果我就坐在沙发上，对自己说，“试试吧”。然后我就关掉了手机，再也没看过。
>
> ——德布

没有手机的时候可以做什么

“试分手”期间，你会找回很多空闲时间，你可以利用这些时间做任何你想做的事。下面提供一些建议。

如何应对紧急情况

如果遇到了紧急情况，你当然应该使用手机！此外，如果不带手机出门让你感到紧张，请记住，即使有什么事发生，你周围的每个人都带着手机呢。

为美丽的意外腾出空间

兜里装着互联网，美丽的意外就没地方放了。没有意外，只有各种各样正确的答案，而这些答案还得通过交叉分析多个网站上的数百条评论才能得出。这些评论都来自陌生人，你可能与他们毫无共同之处，但你并不在乎。因为这些评论来自互联网，所以它们显得比你身边现实生活中的人所给的建议更有分量。《选择的悖论》（*The Paradox of Choice*）一书的作者、心理学家巴里·施瓦茨（Barry Schwartz）将这种搜索调查称为“最大化”（maximizing）[㊀, 6]。它不仅耗人精力，还会偷走意外发现带来的美妙感觉。

“试分手”是一个让意外重新进入你生活的绝佳机会。去新的社区散散步，试一试你好奇了很久的餐馆，看看当地报纸上有没有什么新活动可以参加。无论做什么都可能比盯着手机更令你难忘。

㊀ 指的是追求尽可能多的收益或者追求问题的最优解，即一定要找到或做到最好的选择。——译者注

下午，我在一个不太熟悉的城市里走了大约三个小时，我没有想办法最大化地利用我的时间，只是这样闲逛着。我觉得很平静，不慌不忙。这是一段美好的时光。

——劳伦

经历一段短暂的人际关系[7]

不，我不是说找外遇。“短暂的关系”指的是一种短暂的、能够建立联系感的互动，对象通常是陌生人，例如与服务员之间的愉快交流，在体育酒吧的集体欢呼，或是飞机上陌生人之间有些奇怪的搭讪闲聊。你不会认为这些互动有多大意义，但它们实际上会对我们感受到的与整个社会之间的“联系”产生意想不到的巨大影响。我们低头玩手机的时间越多，对周围人的注意就越少，经历这种短暂关系的机会也就越少。所以在“试分手”的过程中，一定要体验至少一次短暂的人际关系。注意它是否让你的情绪有所不同。

和现实生活中的人做一些有趣的事

希望这一点不用我多解释了。

人们总说手机和社交媒体创建了更紧密的联系，但其实手机让我们成了孤独的个体。

——丹尼尔

于世间按着世人之见而活，此为易事；独处时按着自己的心意而活，亦非难事；然伟人者，虽置身于喧嚣人世，亦可完美保持独立人格。[1]

——拉尔夫·沃尔多·爱默生（Ralph Waldo Emerson），《论自助》（Self-Reliance）

04 第4周（及以后）

你与手机的新关系

恭喜你！“分手”最艰难的阶段已经过去了。

现在你应该对如何使用手机、想要如何使用手机以及如何使用注意力有了更清晰的认识。本周的目标就是巩固这些改变。如果我们做好了，这场“分手”之旅最终将会取得硕果。

第22天（周一）
“试分手”总结

我们与手机“和好”的第一步就是对“试分手”进行反思并学习。

我们先从一系列开放式问题开始，叫作“看、想、感受、好奇”。你可以以它们为开头写下一些感想，或者把它们作为开场白，和一起参与“试分手”的人聊聊。

- **在24小时的“试分手”期间，你对自己以及自己的行为和情绪有何观察？（也就是说，你看到了什么？）**

  我发现自己与他人互动得更多了。因为没有手机可用，所以我去找了身边的人讨论。有一次，当我需要休息时，我坐在长凳上冥想了几分钟，没有看手机。在这24小时里，我感到安稳又平和。

  ——本

- **这些发现让你想到了什么？当你回顾这段经历时，心里有什么想法？**

  这让我觉得我一直在欺骗自己，让自己无法充分体验很多事情。

  ——克丽丝特尔

- **现在你已经经历过了“试分手”，你对手机本身以及你与手机的关系有何感受？**

  远离手机的这段时间让我意识到，有些时候手机真是没有使用的必要。

  ——凯蒂

我感觉我现在比以前更感激我的手机，因为我用它的时候更有目的性，也更愉快了。

——贝丝

- **现在，你已经完成了“试分手”，也开始深入观察你与手机的关系，你还有什么好奇的吗？还有什么问题吗？你想进一步了解什么？你想进一步探究或调查什么？**

我想知道如果我重新使用翻盖手机会怎么样。我的梳妆台抽屉里躺着一堆旧的翻盖手机。为什么不把我的 SIM 卡塞到其中一个手机里，用上一个星期，重温一下旧时代呢？

——桑迪

等完成“看、想、感受、好奇”四步以后，思考以下问题。

- **最难的部分是什么？**

只是几个小时没玩手机，我就感受到了孤独，甚至几近沮丧。虽然是跟朋友们在一起，但他们一整天都在玩手机，这时候手里没手机就更难过了。

——丹尼尔

- **最棒的部分是什么？**

最棒的是，我意识到自己并没有完全上瘾。这就像你的伴侣出去旅行时，你意识到：“哦，我仍然是一个完整、独立的人。平常由伴侣料理的所有家务，其实我也会做，我也能让自己过得很愉快。”这就像重新与自我建立了联结，发现自我尚在，顿觉安心。

——瓦妮莎

- **什么让你感到惊讶?**

  当我重新打开社交媒体时（可悲的是，我当时可激动了），上面没什么让我感兴趣的。我也没有错过任何东西。

  ——西沃恩

- **你从这次经历中收获了什么可以用于正式“分手”后的经验?**

  我需要更多地“把手机放到它该在的地方”。

  ——杰西卡

第23天（周二）
手机“斋戒”

研究表明，间歇性禁食有益于我们的身体健康。同样，定期进行短暂的手机禁用对我们的情绪和智力健康至关重要，我将这种行为称为“手机‘斋戒’”。正如你所知，总是跟手机绑在一起会让大脑极度疲劳，它需要定期远离手机来恢复活力。就像其他可能上瘾的行为一样，我们偶尔需要停止这种行为，以证明自己停得下来。

手机“斋戒”有很多方式，而且不需要24小时那么久。你可以继续这样做：周五睡觉时关掉手机，给它设置一个周六的“唤醒”时间，比你起床晚几个小时，然后利用没有手机的早晨做一些滋养身心的事。你可以每个周末选择一项不带手机的活动，比如远足。你可以让别人（例如，你的伴侣或孩子）暂时更改你的登录密码，迫使自己暂停使用社交媒体。

无论选择什么方式，你都要记住，这不是为了惩罚自己，而是为了让自己心情愉悦。换句话说，不要问自己，“我什么时候才能强迫自己暂时放下手机？”而是要问自己，“我想什么时候暂时放下手机？”

记住这一点，然后今天选定一个时间段，半小时到一小时即可，届时请把手机放下或完全关掉。要选择一个放下手机会让你觉得愉快的时间，比如遛狗、午休或者吃饭的时候。然后从现在开始直到“分手”结束，请继续尝试这些短暂的手机“斋戒”。你的“斋戒”时间越规律，这一天的剩余时间里，你就越不会被手机吸引。

我和妻子出去吃饭，我们把手机放家里了。这真是太棒了！后来出去散步或者只是出去走一走，我都不会带手机。她也一直这样做，所以我们能够建立起情感上的联结。

——克里斯特尔

第 24 天（周三）

处理邀请

改变你与手机的关系最难的一点就是，必须要不断地拒绝自己的大脑发出的邀请。例如：

“嘿，你好啊。我看到你刚醒来。想看看手机吗？看看有没有人在你睡觉的时候给你发信息？”

“看来你可能要尝试做冥想了。不如我们先来看一会儿社交媒体吧？”

“这次约会好无聊啊。我们去趟洗手间吧，去那儿给别人发短信。”

前面我们已经讲了很多关于处理手机相关邀请的内容，我们要主动决定如何支配时间和注意力，而不只是被动地对手机做出反应。就像我们一直在尝试的许多其他事情一样，这种根植于正念的练习会对你的一生产生极大助益。今天，我们来试着扩展一下这种练习的使用方式：试着注意一些大脑正在发出的与手机相关和不相关的邀请，然后有意识地决定你想要如何回应。

比如，如果开车时遇到别人抢道，不要立即生气地朝别人比手势或破口大骂，而是要停一下。停下来、深呼吸、专注当下。注意大脑正在邀请你做什么，想想有没有其他的做法，然后决定你真正想要的反应。

当我想去拿手机时，我会停下来问自己：“为什么要去拿手机？”大多数时候，我都能意识到自己只是出于习惯和想要分散注意力才去拿手机，这时我会放下手机，不再看它。这种感觉棒极了。

——贝丝

第 25 天（周四）

清理其余的数字生活

今天，我们将继续清理数字生活的其他部分。我们已经讨论了短信、约会和游戏软件、屏蔽软件、密码管理器等应用程序，现在我们来关注以下应用程序。

电子邮件

你收到的邮件太多了，而且大多数都可有可无。

1. 取消订阅！在接下来的一周里，花点儿时间取消订阅所有你不想收到的电子邮件。如果这听起来太复杂，你也可以在网上搜索“自动取消邮件订阅的应用程序”，然后安装一个。

2. 脱离收件箱的控制。也许你一直给自己灌输的信念就是，收件箱里的每封邮件都要立即回复，但其实大可不必。甚至在邮件到达时你都没必要看到它们。你有很多不同的处理方式，包括设置屏蔽软件，限定你只能在一天中的特定时间访问收件箱，或者根据你的浏览器和邮件客户端选择合适的插件，控制你查看收件箱的次数和时间。我在写这本书的时候就一直利用这类插件来帮助自己保持专注，它确实带来了巨大改变。

3. 利用文件夹来保持头脑清醒。创建一个“需要回复”文件夹，用来存储确实需要回复的邮件（你甚至可以按重要性给邮件排序），这样当你查看邮件时，就不会因为看到整个收件箱而感到不知所措。

4. 创建一个购物邮箱账号。也就是说，给自己创建一个新的电子邮件地址，专门用来买东西。这样你的主邮箱就不会收到那些垃圾邮件，同时你还能了解网站的销售情况。

5. 创建一个 VIP 列表，列出你不想错过其邮件的联系人。其他人都可以忽略。我是说真的，没开玩笑。

6. 度假时可以创建一个新的邮箱账号，命名为“[你的名字]_重要”，用以避免假期回来邮件堆积成山。然后设置一个邮件自动回复，不仅要告诉发件人你正在度假，无法查看电子邮件，还要告诉对方，你不会查看假期间累积起来的这些电子邮件。你还可以提供其他人的联系方式，以防有人需要即时帮助，同时告诉别人如果确实需要在你回来后跟你联系的话，那么就把邮件发送到上面那个“重要”的邮箱，等你回来后回复。最后你会惊讶地发现，很少有人会真的给那个邮箱再发一遍。(这个主意是受到德国戴姆勒公司的启发，该公司在员工休假时会自动删除他们收到的电子邮件，并告诉发件人如果需要即时帮助可以联系谁。)

社交媒体

理想情况下，你的手机现在应该没有社交软件了。但不管怎样，还是花点儿时间精简一下你的账户吧。对那些你不关心的或者让你感觉不好的人取消关注。根据人们在你生活中的角色（如朋友、家人、同事、不太熟悉的人）创建相应的好友分组，这样当你分享自己的度假照片时，可以指定能够看见的分组。如果你在工作中使用社交媒体，可以考虑申请一个单独的工作账号。在你的个人资料中添加一些内容，表明你查看该账号的频率。如果你还没有这样做，那就好好研究一下你的社交媒体账户设置，它提供的选项比我们大多数人意识到的要多得多。

开车

善用手机的驾驶模式，当你开车达到一定速度时，驾驶模式会自动禁用手机。（对应你的手机型号，在网上搜索“驾驶模式”。）

关联账户

许多网站现在都提供了使用社交媒体账号登录的选项（例如使用 Facebook 账号登录音乐播放平台 Spotify）。不要接受这一选项！如果你已经关联了自己的账号，那就花点儿时间取消它们（例如，创建与 Facebook 账户毫无关联的音乐播放列表）。

你知道这些都是你应该做的事，但你似乎从来没有抽出时间去做。现在我终于做到了，而它们对我的整体压力水平和自我控制感产生的巨大影响让我惊叹不已。

——埃德温

第 26 天（周五）
确认查看手机的必要性

当你想要查看手机时，这里有一个很好的办法可以制止这种想法。每当你发现自己忍不住要去查看邮件、社交媒体、短信、新闻或其他什么东西时，你都要问自己一些简单的问题：查看这些东西能带来的最好的结果是什么？你能收到的最好的电子邮件是什么？最好的新闻是什么？最好的通知呢？你能收获的最好的情绪体验是什么？

然后问问自己：这种情况实际发生的可能性有多大？

剧透警告：可能性很小，非常小。我敢打赌，即使现在拿起手机，你不会收到猎头公司给你提供理想工作的通知，不会看到让你感觉很棒的新闻，也不会突然有一个充满魅力的陌生人邀请你共进晚餐。

结果更有可能是，你会看到一些让你心烦意乱或压力满满的事情。一旦你意识到最好的情况发生的可能性有多小，停止查看手机就变得容易多了。

越是为了感觉良好而拿起手机，结果感觉反而越糟糕。

——戴维

用别人查看手机来反观自己

你越是注意自己的手机使用习惯，就越能注意到别人使用手机的频率。你会看到：人们盯着自己的手机穿行在繁忙的十字路口；一家人出去吃饭，结果全程盯着自己的手机默不作声；地铁车厢里那一张张被熟悉的蓝光照亮的脸。

选择一个你正在努力养成的习惯，然后试着将别人玩手机这一幕作为习惯的暗示。

过去在电梯上看到别人玩手机时，我通常也会拿起自己的手机。但现在，当我看到旁边的人开始伸手去掏口袋时，我会以此作为暗示，提醒自己深呼吸，问问自己在那一刻想关注什么。不出所料，我想关注的往往并不是我的手机。

——彼得

第 27 天（周六）
“数字安息日”生活小技巧

虽然一开始很多人会对 24 小时不用手机感到担忧，但最终他们会发现这样做竟如此有益，以至于他们决定要将“试分手”变成一个定期的“数字安息日”。其实并非每周末都得做一次，哪怕只是一个月一次也能很好地帮助你抵制强迫性看手机的欲望。你也并非一定得放下所有设备或把它们彻底关机。重点还是一样，要根据你的个人体验做相应安排。

如果你对这个想法感兴趣，可以利用这个周末再尝试一下 24 小时“分手”。（如果你不想尝试，那就利用这个周末进一步巩固其他正在努力养成的习惯。）下面的这些建议可以让你更加轻松地度过定期的“数字安息日”。

厘清你的设备

智能手机有很多用途，这是它最大的一个优点，也是它最糟糕的地方：你在睡前想用手机听听播客，结果又额外看了一个小时的新闻。有个解决方法就是使用不同的设备。现在，你应该已经有一个单独的闹钟了。根据你的习惯，你可以考虑准备一台单独的电子阅读器或音乐播放器，甚至一台数码相机。

改成"家用手机"

手机升级换代的时候，旧手机不要丢弃或者回收，而是把它改成一个简约的"家用手机"，只能当作工具使用：删除所有应用程序（包括互联网浏览器），只留下相机、音乐、计时器、计算器和其他纯工具类的功能，如恒温控制或安全警报。这样你的手机就能从一个诱惑变成一个遥控器。只要你有无线网，就不需要办理套餐。

没有旧手机？那你可以买个二手手机。此外，iPod 也支持互联网，可以达到同样的效果。关键是要认真挑选安装的应用程序。

使用手机的暂停模式

经常把手机设置为"飞行模式"或"勿扰模式"，给自己再加一条"减速带"，这能防止你无意识地看手机。

自定义"勿扰模式"设置

提前选好确实需要接听来电的联系人，这样你就能暂时放下手机，不用担心错过紧急电话。

提前下载离线地图

你知道吗？其实你可以下载常用地区的地图，这样离线的时候也可以使用这些地图。当然如果你完全不使用手机，就用不上离线地图了。可是，如果你想尽量减少手机的使用，同时又不想迷路，这就是一个很好的选择。

用回“非智能手机”

对，是有点夸张，可为什么不试试呢？反正用不习惯的话，你随时都可以用回智能手机。

不要害怕尝试

在与手机建立健康关系这方面，没有任何规则限制。尽情尝试不同的想法，养成适合你的习惯。

第 28 天（周日）
高效能人士的七个手机使用习惯

你刚花费了很多精力来为你和手机之间的健康关系奠定基础，但要想将这种新关系维持下去并不容易。不仅像智能手机这样的无线移动设备会一直存在下去，而且随着设备的更新换代，我们可能会越来越舍不得把它们放下。

为了坚持我们的目标，制订一个计划至关重要。请针对以下七个习惯提出你自己的个性化描述，说明你与手机及其他无线移动设备如何“相处”（如果它们的影响也蔓延到了你生活的其他领域，不要感到惊讶）。

1. 我日常使用手机的方式很健康

我们对日常使用手机的方式做出了很多改变（例如，不把手机放在卧室），这些改变都有可能成为习惯，但由于这些改变还没有成为自发行为，所以它们仍然很不牢固。

要想成为真正的习惯，这些新的行为必须成为我们的第二天性，也就是不用思考就会去做的事情。实现这一目标的最佳方法就是，提前决定我们在特定情况下的行动方式，这样当我们遇到这些情况时，就可以不假思索地遵循新的健康习惯。

例如：

- 你在哪里为手机充电？
- 你晚上什么时候把手机收起来？
- 早上第一次查看手机是什么时候？（可以是一个具体时间，也可以是一种情况，例如，“我到了办公室才会看手机”。工作日和周末的查看时间可能也会不同。）
- 你工作时手机放在哪里？
- 你在家时手机放在哪里？
- 你用餐时手机放在哪里？

- 你如何携带手机?
- 你用手机做什么?(例如，导航等实用目的、打电话和发短信等社交目的，或听播客等教育和娱乐目的。)
- 你在哪些情况下决定不使用手机?乘电梯、排队、当你感到无聊或不善社交时?
- 哪些应用程序是丰富或简化你生活的工具?
- 你知道哪些应用程序很危险或最有可能让你沉迷其中吗?这是一个非常有用的问题，因为你需要担心的事情不会超出这个问题范围。如果你知道手机上有三个应用程序会吸引你的注意力，那么你在使用这几个应用时可以保持高度警惕，而用手机做其他事情时就不必这么担心了。(或者你可以把这三个应用删了，这里只是举个例子。)
- 根据你对上一个问题的回答，你会屏蔽哪些应用程序或网站?何时屏蔽?

2. 我有使用手机的规矩，也知道如何使用它们

当你在做以下事情时，你把手机放在哪里以及如何对待它：

- 与别人相处时
- 看电影或电视节目时
- 吃饭时
- 开车时
- 在课堂、讲座或会议上时

同样值得思考的是，当你和别人在一起时，你希望他们如何对待自己的手机，以及你会如何要求他们这样做。（具体建议请参阅第14天的内容。）

吃饭时：手机放到完全看不见的地方。

开车时：收起来。毫无疑问。

课堂和讲座上：收起来，同时设置静音，以示对同学和老师的尊重。

——道格

3. 我会放过自己

有两个方面。第一，当你重拾旧习时，一定要学会放过自己。这种情况每个人都会遇到。我们花在自责上的时间越少，就能越快回到正轨。

第二，你可以允许自己在一天中的某个特定时间内随意刷手机（也就是说，通过玩手机放松一下）。允许自己在固定时间内玩手机而不用感到愧疚，这样有助于避免过度玩手机，也能帮助你长期坚持总体目标。

此外，考虑到手机对注意力持续时间的影响，当你努力想要增加注意力持续时间时，你可能需要为自己安排定期玩手机的时间。先迈一小步，比如你可以从专注十分钟做起，然后允许自己玩一分钟手机，之后再逐渐累积更长的专注时间。

如果你担心半小时的手机畅享时间很快会变成两个小时，那就利用屏蔽软件提前为自己设定好屏蔽活动的开启时间。

描述一下你的计划，你准备如何以及何时为自己设定手机使用时间。

我真的很期待两个孩子都上床以后，我可以窝在沙发上玩手机的那一刻。关键是不要玩到失控。

——克里斯汀

完美不是重点

到指出这一点的时候了：如果走完了整个“分手”过程，你还是觉得你与手机的关系不完美，别担心——本来它就不该是完美的。从某种意义上说，无论是我们与手机的关系还是手机这个设备本身，都在提醒我们，生活中的一切都是不断变化的，波动在所难免。有时我们会感觉很好，有时会感觉糟糕。没关系。只要我们培养自我意识，就能处在正确的轨道上。

并不是说这些变化让我在一天中多出了 24 个小时，且在这 24 个小时里，我突然变成了一个完美的母亲、配偶、业余运动员和世界级作家。更确切地说，因为手机带来的干扰减少了，所以我相信自己正在充分利用所拥有的时间。

——瓦妮莎

4. 我会做手机“斋戒”

到目前为止，我们已经尝试了很多不同的方式放下手机。现在是时候把我们的目标写下来了。你将如何以及何时进行手机“斋戒”？

我现在出去旅行，到达目的地后坚持不用手机。换句话说，如果我这个周末去露营，我会先用手机导航到那儿，等到了以后，我就会断网，直到再次上路。

——达斯汀

5. 我有自己的生活

如果我们没有提前想好如何在不玩手机的情况下消磨时间（或者光是消磨还不够，还得玩得开心），我们很有可能会重拾旧习。所以花点儿时间写一张清单，列出一些与手机无关的能够带给你快乐或满足感的活动，并写明如何将这些活动定期融入你的生活中。例如：

- 我喜欢弹吉他，所以我将继续学习吉他课程，并在每个周末留出时间练习。
- 我喜欢与我关心的人保持联系，所以当我发现自己有20～30分钟的休息时间时，我会用手机给朋友或家人打电话。

我想每月举行一次“无手机”晚餐聚会，我和我的所有朋友都要在晚餐一开始就把手机放在一个箱子里，离开之前都不许再碰手机。

——丹尼尔

6. 我会练习停顿

你为什么认为静止练习很重要？当你发现有一分钟的休息时间时，你会怎么做？如果有半小时呢？如果有几个小时呢？

等地铁的时候，我想缓解下不耐烦的心情，这时我会喝一小口水，然后深呼吸。

——劳伦

7. 我会练习提高自己的注意力

为了消除过去长时间玩手机所造成的损害，我们要重新提高自己的注意力持续时间，通过定期练习（包括身心练习）来保持我们的大脑健康。确定几个你想日常进行的注意力培养练习，你现在已经在做而且想持续下去的练习也可以。

我将继续保持每周三次的 15 分钟冥想练习，将其作为早晨常规活动之一。

——约翰

我会尽力做到一次只做一件事。

——茱莉亚

第 29 天（周一）
保持正确的方向

我们的“分手”之旅还剩下两天时间；明天之后，你就要靠自己了。让你的新关系保持正轨最有效的方法之一就是定期进行自我检查。

现在，请拿出你的日历，手机上的日历也可以。创建一个每月提醒，定期检查自己。可以问自己以下这些问题：

- 你与手机哪些方面的关系保持良好？
- 你想改变你与手机哪些方面的关系？你可以从哪件事开始？
- 你正在做什么或者可以做什么来提高注意力？
- 你未来 30 天的目标是什么？
- 你可以制订哪些有趣的计划来与你关心的人共度时光？
- 你是否重新安装了之前删除的应用程序？是否将手机放回了卧室？是否重新开启了通知？如果是的话，你觉得这样做是正确的吗？（不要评判。）
- 你想在生活中关注什么？

软件删除以后就没再重新安装过，手机还躺在厨房里，我也绝对没有重新开启通知。这感觉很棒，并且带来了巨大变化。

——达拉

第 30 天（周二）

祝贺你！

你成功了！你已经正式与手机“分手”，并与它开启了一段新关系，希望这段新关系能让你感觉良好。

多亏了你的努力，你现在对手机如何让你的生活变得更好有了清晰的认识。你知道它如何以及何时让你感觉糟糕。你改变了一些旧习惯，养成了一些新习惯，由此手机已经从你的老板变成了你的工具。越来越多的人从手机那里夺回了自己的生活，你也加入了其中。

简而言之，你给自己送了一份天大的礼物。所以，作为“分手”的最后一个练习，我希望你能给自己一些肯定。没有任何一段关系是完美的，认识到这一点以后，请写一张便条，告诉自己你为自己在“分手”过程中所取得的成就感到自豪。你有什么变化？你对自己所做的事有何感想？

以防你不知从何开始，下面给你一些提示：

- 我过去认为我的手机……现在我认为……
- 我发现……
- 我很高兴知道……
- 我为自己感到骄傲，因为……

写完便条以后，将它与你在“分手”之初写给自己的便条进行比较。表扬一下自己所取得的成就。

我现在越来越习惯安静地坐一会儿了。就一会儿。暂时停下来。昨晚，我和丈夫坐在屋顶上看一只鸟。当时我意识到生活中有多少前进的动力在推搡着我们啊，我甚至本能地想要站起来去做晚餐。可当我停下来的时候，前进的动力也慢了下来。

——伽林

还记得 30 天前你害怕放弃对手机的控制吗？我想你现在已经学到了宝贵的经验。其实手机才是真正的控制者，放弃对手机的控制，你也获得了更多的回忆。在家人相伴左右的时候放下手机，你明白了与所爱之人共度的时光更加悠然而从容。晚上睡前放下手机、早上醒来也不去拿手机，你发现这样也没有让你错过一封关乎次日早上工作成败的电子邮件。把手机放在家里，去附近散步，你对这个住了四年的社区了解得更多了，包括一些非常棒的餐馆，这是你在散步路过的时候发现的，并不需要去 Yelp 点评上找半天。看电影的时候把手机藏起来，这样你就必须努力去想电影里的那个人是谁，他还演过什么电影，同时也能保持对情节的专注，从而不让你的未婚夫失望，因为他真的很想让你看那部电影。也许你仍然觉得大脑需要时不时刷一些严肃又搞笑的视频，这也没什么不好，就是要适可而止，5 个糖霜饼干的视频或许还能接受，25 个就过分了。你现在已经知道自己的上限了，这非常好。

——珍妮

结束语

从我决定与手机“分手”开始，至今已经两年多了，这种经历持续不断地丰富着我的日常生活，使我惊叹不已。

如今，我依然走到哪里都带着手机，我用它拍照、听音乐、导航、料理琐事、保持联系以及——是的，无意识地刷手机消遣。我很感激手机，感激它能让我做的这一切。

但同时我也始终保持警惕。我的研究使我确信，这不是一个微不足道的小问题——手机正在严重影响我们的人际关系、我们的大脑（尤其是年轻人的大脑），以及我们与世界的互动方式。手机设计的初衷就是让我们上瘾，而且据我们目前所知，这种大规模成瘾的后果看起来并不太好。看看你的周围吧，手机正在改变人类的方方面面。

无论是个人角度还是社会层面，我们都需要展开对话，探讨我们真正想要与设备建立什么样的关系。

目前，只要日程允许，我和我丈夫仍然会安排“数字安息日”。但我也发现，无须彻底戒除手机，我也可以控制自己合理使用手机。就像一个曾经吸烟的人现在对吸烟的想法感到厌恶一样，我把玩手机和糟糕的感觉联系在一起，这样我就会尽量少把时间耗费在手机上。

这种方式不仅帮我重新获得了专注力，还让我发现，减少手机使用时间（以及增加线下活动的时间）能够很容易就让自己感觉更充实。我还认识到，就像光线会使照片褪色一样，花太多时间在手机上也会让我的生活失去色彩。我对周围的现实世界关注越多，生活的色彩就会越加鲜明。

我们一生拥有的时间比我们意识到的要少，但也比我们认为的要多。夺回你花在手机上的时间，你就会发现可能性也在随之增加。也许你的确有时间上课、看书、吃饭，也许你可以多花点儿时间和朋友在一起，也许你有办法去旅行。关键是要不断地问自己同一个问题，一遍一遍又一遍：这是我的生活，我想关注什么？

推荐资源

科技发展日新月异，等到本书出版的时候，很可能已经出现了更好的选择。本书只作为指引，你可以寻找适合自己的应用程序。

追踪手机使用情况的应用程序

我目前最喜欢的追踪应用是苹果版的“时刻”（Moment）和安卓版的“离线时间”（OFFTIME）。（请注意，有的追踪软件会要求你提供定位权限。这并不是出于什么奇怪的目的，而是为了知道你什么时候使用了手机。）你也可以试试“拯救时光”（RescueTime），它可以追踪你在各种网站上花费的时间。

屏蔽软件

目前，我最喜欢的屏蔽软件是“自由”（Freedom，苹果版、Windows 版）和“离线时间”（OFFTIME，安卓版）。“自由”这款应用程序允许跨设备屏蔽应用程序和网站，其付费版也是物有所值，因为它允许提前设定重复会话。

冥想应用程序、网站和书籍

我最喜欢的适合初学者的冥想程序是“大脑空间”（Headspace）。其免费版提供了一系列 10 分钟的引导冥想，旨在帮助人们建立自己的常规练习，你可以用这些简单的冥想来测试一下自己是否对冥想感兴趣。同时我也很喜欢“冥想定时器”（Insight Timer）和“正念应用程序”（The Mindfulness App）。

至于线上的引导冥想，我建议初学者搜索“加州大学洛杉矶分校免费冥想引导”（Free Guided Meditations UCLA），从五分钟的“呼吸冥想”开始尝试。该校还提供了基于正念的线上减压课程。

如果你的注意力持续时间最近有所增加，并打算看一本关于正念的书，可以看看乔恩·卡巴金的经典之作《多舛的生命：正念疗愈帮你抚平压力、疼痛和创伤》（*Full Catastrophe Living: Using the Wisdom of Your Body and Mind to Face Stress, Pain, and Illness*）。

如果你想看简短一些的书，你可能会喜欢我写的一本引导正念日志，叫作《正念：一本日志》（*Mindfulness: A Journal*）（瞧这恰当的书名）。本书旨在揭开正念的神秘面纱，帮助人们自行实践。

如果想要一些针对科技的实用建议，我推荐戴维·利维的《正念科技：如何为我们的数字生活带来平衡》和南希·科利尔（Nancy

Colier）的《关机的力量：在虚拟世界中用正念保持清醒》（*The Power of Off: The Mindful Way to Stay Sane in a Virtual World*）。

孩子和手机

我强烈推荐维多利亚·邓克利（Victoria Dunckley）的《重置孩子的大脑：四周逆转电子屏幕的影响，终结坏情绪并提高成绩和社交技能》（*Reset Your Child's Brain: A Four-Week Plan to End Meltdowns, Raise Grades, and Boost Social Skills by Reversing the Effects of Electronic Screen Time*），以及尼古拉斯·卡达拉斯（Nicholas Kardaras）的《屏瘾：当屏幕绑架了孩子怎么办》（*Glow Kids: How Screen Addiction Is Hijacking Our Kids—and How to Break the Trance*）。

美国儿科学会（American Academy of Pediatrics）还为儿童及手机使用制订了指导方针。其最新的建议包括：18 月龄以下的孩子不应使用电子设备（视频聊天除外），5 岁以下的孩子应观看高质量节目且每天不能超过 1 小时，对 6 岁以上的孩子仍应设置使用上限。

如果你想实时了解孩子的定位（并给他们打电话），但又不想让他们使用智能手机（有了手机就可以访问整个互联网），可在网上搜索“GPS 跟踪手表”。

如何设置短信自动回复

从 iOS 11 版本开始，苹果提供了“驾驶勿扰”模式，可自动回复短信。从技术上讲，该设计旨在防止驾车发短信的行为，但当你想要放下手机时，也可以使用该功能。

目前，安卓用户的最佳方式是下载第三方应用程序，如“离线时间”或“短信自动回复”(SMS Auto Reply Text Message）等。

如何定时发布社交媒体帖子

社交媒体管理工具 HootSuite 允许你提前安排帖子发布时间，且可以多平台发布。该软件可以让你看起来经常发帖，但实际不用如此。

如何省去没完没了的邮件并安排好活动时间

请使用“ Doodle”或“ Calendly”。“ Doodle”可以发送团体投票邀请，你可以选择一些具体的日期和时间发送给很多人，并让他们回复自己的空档时间，他们的选择会显示为红色或绿色的“×”，这样你只需要选择绿色“×”最多的那个时间段即可。

“ Calendly”允许你创建个人时间表，显示你能参加会议、面谈等活动的空闲时间。然后，你只需让别人查看你的“ Calendly”页面，让他们选择一个适合他们的时间，这样就可以免去来回沟通的麻烦。

如果电子邮件控制了你的生活怎么办

除了前面“清理其余的数字生活”所提供的的方法及假期应对

技巧，这里还提供了一些别的建议。

Gmail 和 Outlook 邮箱都可以使用插件“ Boomerang”，它能允许你预先设置好回复，还能在特定的时间将特定的邮件再次发送给你。它还有一个强大功能，叫作“收件箱暂停”（Inbox Pause），该功能可以让你选择何时显示新邮件，而不是每收到一封邮件就即时提醒。

我最喜欢的 Gmail 或 Chrome 的一个插件就是“准备好再收件”（Inbox When Ready），它会去除收件箱未读邮件的数字，还能隐藏你的收件箱，除非你明确表示想要查看它（这样你就可以专心写新的邮件或者搜索旧邮件，不会被收件箱分心）。该插件还允许你设置每天查看收件箱的时间限制。

如何用回非智能手机，而又不用真的把非智能手机翻出来

准备一个呼叫转移设备，比如极简手机“ Light Phone”。这款手机大约只有一张信用卡大小，除了接打电话以外什么都做不了。有了“ Light Phone”，你就不用放弃智能手机，也不用再办理一个电话号码了。当你想要出门不带智能手机（或暂时不用手机）时，将电话转接到“Light Phone”即可。

注　释

引言

1. Available on the website for the Center for Internet and Technology Addiction: virtual-addiction.com/smartphone-compulsion-test.
2. Deloitte, *2016 Global Mobile Consumer Survey: US Edition; The market-creating power of mobile* (2016): 4.
3. Hacker Noon, "How Much Time Do People Spend on Their Mobile Phones in 2017?" May 9, 2017.
4. Deloitte, *2016 Global Mobile Consumer Survey*, 4.
5. Ibid, 19.
6. Deepak Sharan et al., "Musculoskeletal Disorders of the Upper Extremities Due to Extensive Usage of Hand-Held Devices," *Annals of Occupational and Environmental Medicine* 26 (August 2014), doi.org/10.1186/s40557-014-0022-3.
7. Frank Newport, "Most U.S. Smartphone Owners Check Phone at Least Hourly," *Gallup*, Economy, July 9, 2015, www.gallup.com/poll/184046/smartphone-owners-check-phone-least-hourly.aspx?utm_source=Economy&utm_medium=newsfeed&utm_campaign=tiles.

8. Lydia Saad, "Nearly Half of Smartphone Users Can't Imagine Life Without It," *Gallup*, Economy, July 13, 2015, www.gallup.com/poll/184085/nearly-half-smartphone-users-imagine-life-without.aspx.
9. Harris Interactive, *2013 Mobile Consumer Habits Study* (2013): 4–5, pages.
10. American Psychological Association, *Stress in America: Coping with Change*, 10th ed., Stress in America Survey, February 23, 2017.
11. Jose De-Sola Gutiérrez et al., "Cell-Phone Addiction: A Review," *Frontiers in Psychiatry* 7 (October 2016).
12. Jean M. Twenge, "Have Smartphones Destroyed a Generation?" *The Atlantic*, August 3, 2017, Technology.
13. Adam Gazzaley and Larry D. Rosen, *The Distracted Mind: Ancient Brains in a High-Tech World* (Cambridge: MIT Press, 2016), 152–57, and Larry D. Rosen, *iDisorder: Understanding Our Obsession with Technology and Overcoming Its Hold on Us* (New York: St. Martin's Griffin, 2012).

第一部分 觉醒

1. Steve Jobs, "Keynote Address," Macworld 2007, January 9, 2007, Moscone Convention Center, San Francisco, transcript, accessed August 13, 2017.

第 1 章 手机就是为了让我们上瘾而设计的

1. Mark Anthony Green, "Aziz Ansari on Quitting the Internet, Loneliness, and Season 3 of *Master of None*," *GQ*, August 2, 2017.

2. *60 Minutes*, season 49, episode 29, "What Is 'Brain Hacking'? Tech Insiders on Why You Should Care," produced by Guy Campanile and Andrew Bast, reported by Anderson Cooper, aired June 11, 2017, on CBS.
3. Nick Bilton, "Steve Jobs Was a Low-Tech Parent," Disruptions, *New York Times*, September 11, 2014.
4. Emily Retter, "Billionaire tech mogul Bill Gates reveals he banned his children from mobile phones until they turned 14," *Mirror*, April 21, 2017, Technology.
5. In 2014, the *Diagnostic and Statistical Manual of Mental Disorders (DSM-5)* officially included gambling disorders in the list of disorders that can qualify as addictions—the first time a non-substance-related disorder had been classified in this way, and the first time a so-called *behavioral* addiction had been recognized as such.
6. Norman Doidge, *The Brain That Changes Itself: Stories of Personal Triumph from the Frontiers of Brain Science* (New York: Penguin Books, 2007), 106.
7. Microsoft Canada, *Attention Spans*, Consumer Insights (spring 2015).

第 2 章 不停刺激多巴胺分泌

1. Adam Alter, *Irresistible: The Rise of Addictive Technology and the Business of Getting Us Hooked* (New York: Penguin Press, 2017), 67.
2. *60 Minutes*, "What Is 'Brain Hacking'?"

第 3 章 操控我们的伎俩

1. Bianca Bosker, "The Binge Breaker: Tristan Harris believes Silicon Valley is addicting us to our phones. He's determined to make it stop," *The Atlantic*, November 2016, Technology.

2. Tristan Harris, "How Technology Is Hijacking Your Mind—from a Magician and Google Design Ethicist," *Thrive Global*, May 18, 2016.
3. Rosen, *iDisorder*.
4. Alter, *Irresistible*, 127–28.
5. Gazzaley and Rosen, *The Distracted Mind*, 154–56.
6. Christopher Coble, "Is Apple Liable for Distracted Driving Accidents?" *FindLaw* (blog), October 21, 2016, blogs. See also Matt Richtel, "Phone Makers Could Cut Off Drivers. So Why Don't They?" *New York Times*, September 24, 2016, Technology.
7. Harris, "How Technology Is Hijacking Your Mind."
8. Timothy D. Wilson et al., "Just Think: The Challenges of the Disengaged Mind," *Science* 345, no. 6192 (July 4, 2014), Social Psychology.

第4章 为什么社交媒体糟透了

1. John Lanchester, "You Are the Product," *London Review of Books* 39, no. 16 (August 17, 2017): 3–10.
2. *60 Minutes*, "What Is 'Brain Hacking'?"
3. Tim Wu, *The Attention Merchants: The Epic Scramble to Get Inside Our Heads* (New York: Vintage Books, 2016).
4. Ibid.
5. Evan LePage, "All the Social Media Advertising Stats You Need to Know," *Social* (blog), Hootsuite, November 29, 2016, blog.hootsuite.com/social-media-advertising-stats; and "U.S. Social Media Marketing–Statistics & Facts," Statista, The Statistics Portal.
6. Nick Bilton, "Reclaiming Our (Real) Lives from Social Media," Disruptions, *New York Times*, July 16, 2014.
7. Holly B. Shakya and Nicholas A. Christakis, "Association of Facebook Use

with Compromised Well-Being: A Longitudinal Study," *American Journal of Epidemiology* 185, no. 3 (February 1, 2017): 203–211, doi.org/10.1093/aje/kww189.

8. Holly B. Shakya and Nicholas A. Christakis, "A New, More Rigorous Study Confirms: The More You Use Facebook, the Worse You Feel," *Harvard Business Review*, April 10, 2017 Health.
9. Twenge, "Have Smartphones Destroyed a Generation?"
10. Antonio García Martínez, *Chaos Monkeys: Obscene Fortune and Random Failure in Silicon Valley* (New York: HarperCollins, 2016), 382.
11. Ibid., 320.
12. Ibid., 381–82.

第 5 章 多任务处理的真相

1. Sunim, Haemin, *The Things You Can See Only When You Slow Down: How to Be Calm and Mindful in a Fast-Paced World* (New York: Penguin Books, 2017), 65.
2. Gazzaley and Rosen, *The Distracted Mind*, 133.
3. Eyal Ophir, Clifford Nass, and Anthony D. Wagner, "Cognitive Control in Media Multitaskers," *Proceedings of the National Academy of Sciences of the United States of America* 106, no. 37 (September 15, 2009): 15583–87, www.pnas.org/content/106/37/15583.full.pdf.
4. *Digital Nation*, Interview with Clifford Nass, aired on December 1, 2009, on PBS.

第 6 章 手机正在改变你的大脑

1. Nicholas Carr, *The Shallows: What the Internet Is Doing to Our Brains*

(New York: W. W. Norton, 2011), 120.

2. Eleanor A. Maguire et. al., "Navigation-related Structural Change in the Hippocampi of Taxi Drivers," *Proceedings of the National Academy of Sciences of the United States of America* 97, no. 8 (November 10, 1999): 4398–4403.

3. Carr, *The Shallows*, 115.

第 7 章 手机正在缩短你的注意力持续时间

1. Microsoft Canada, *Attention Spans*.

2. Carr, *The Shallows*, 122.

第 8 章 手机会扰乱你的记忆

1. "Plato on Writing," www.umich.edu/~lsarth/filecabinet/PlatoOnWriting.html. Interestingly, Plato (paraphrasing Socrates) was writing about the written word. Socrates was—rightfully—concerned that the development of written language would affect people's ability to memorize information, since memory had, up until that point, been the only way to record it.

2. George A. Miller, "The Magical Number Seven, Plus or Minus Two: Some Limits on Our Capacity for Processing Information," *The Psychological Review* 63 (1956): 81–97.

3. Carr, *The Shallows*, 124.

第 9 章 压力、睡眠和满足感

1. Sayadaw U Pandita, *In This Very Life: The Liberation Teachings of the Buddha* (Somerville, MA: Wisdom Publications, 1992).

2. Gazzaley and Rosen, *The Distracted Mind*, 139.

3. Division of Sleep Medicine, “Consequences of Insufficient Sleep,” Harvard Medical School, healthysleep.med.harvard.edu/healthy/matters/consequences.
4. Ibid.
5. Gazzaley and Rosen, *The Distracted Mind*, 93.
6. Division of Sleep Medicine, “Judgment and Safety,” Harvard Medical School, last modified December 16, 2008.
7. Gazzaley and Rosen, *The Distracted Mind*, 94.
8. Michael Hainey, “Lin-Manuel Miranda Thinks the Key to Parenting Is a Little Less Parenting,” *GQ*, April 26, 2016, Entertainment.

第 10 章 如何夺回你的生活

1. Judson Brewer, *The Craving Mind: From Cigarettes to Smartphones to Love—Why We Get Hooked & How We Can Break Bad Habits* (New Haven: Yale University Press, 2017), 13.
2. J. A. Brewer et al., “Mindfulness Training for Smoking Cessation: Results from a Randomized Controlled Trial,” *Drug and Alcohol Dependence* 119, nos. 1–2 (2011): 72–80.
3. Brewer, *The Craving Mind*, 29–30.

第二部分 分手

1. Tim Wu, *The Attention Merchants: The Epic Scramble to Get Inside Our Heads* (New York: Vintage, 2016), 353.

第 1 周 科技分类

1. William James, *Principles of Psychology* (New York: Dover, 1890), 403-4.
2. James Bullen, “How to Better Manage Your Relationship with Your

Phone," ABC Health & Wellbeing, August 11, 2017.

3. Alter, *Irresistible*, 272.

4. Gazzaley and Rosen, *The Distracted Mind*, 203–5, 209.

第2周 改变习惯

1. Nassim Nicholas Taleb, "Stretch of the Imagination," *NewStatesman*, Observations, December 2, 2010.

2. Anna Rose Childress et al., "Prelude to Passion: Limbic Activation by 'Unseen' Drug and Sexual Cues," *PLoS ONE* 3, no. 1 (January 30, 2008): e1506, doi.org/10.1371/journal.pone.0001506.

3. Shalini Misra et al., "The iPhone Effect: The Quality of In-Person Social Interactions in the Presence of Mobile Devices," *The Sage Journal of Environment and Behavior* 48, issue 2 (July 1, 2014), journals.sagepub.com/doi/abs/10.1177/0013916514539755.

4. Daniel J. Kruger, "What's Behind Phantom Cell Phone Buzzes?" *The Conversation*, March 16, 2017.

5. Caitlin O'Connell, "2015: The Year That Push Notifications Grew Up," *Localytics* (blog), December 10, 2015.

第3周 夺回大脑

1. Gazzaley and Rosen, *The Distracted Mind*, 179.

2. Carr, *The Shallows*, 51.

3. Maryanne Wolf, *Proust and the Squid: The Story and Science of the Reading Brain* (New York: Harper Perennial, 2007), 217–18.

4. Gazzaley and Rosen, *The Distracted Mind*, 55, 56.

5. Ibid., 66–68.

6. Barry Schwartz, *The Paradox of Choice: Why More Is Less* (New York: Ecco Press, 2016).
7. Calvin Morrill, David Snow, and Cindy White, eds. *Together Alone: Personal Relationships in Public Spaces* (Berkeley: University of California Press, 2005) and Vanessa Gregory, "The Fleeting Relationship," *New York Times Magazine*, December 11, 2005.

第 4 周（及以后） 你与手机的新关系

1. Ralph Waldo Emerson and Stanley Appelbaum, *Self-reliance, and Other Essays* (New York: Dover Publications, 1993).

习惯与改变

《如何达成目标》

作者：[美] 海蒂·格兰特·霍尔沃森 译者：王正林

社会心理学家海蒂·霍尔沃森又一力作，郝景芳、姬十三、阳志平、彭小六、邻三月、战隼、章鱼读书、远读重洋推荐，精选数百个国际心理学研究案例，手把手教你克服拖延，提升自制力，高效达成目标

《坚毅：培养热情、毅力和设立目标的实用方法》

作者：[美] 卡洛琳·亚当斯·米勒 译者：王正林

你与获得成功之间还差一本《坚毅》；《刻意练习》的伴侣与实操手册；坚毅让你拒绝平庸，勇敢地跨出舒适区，不再犹豫和恐惧

《超效率手册：99个史上更全面的时间管理技巧》

作者：[加] 斯科特·扬 译者：李云

经营着世界访问量巨大的学习类博客

1年学习MIT4年33门课程

继《如何高效学习》之后，作者应万千网友留言要求而创作

超全面效率提升手册

《专注力：化繁为简的惊人力量（原书第2版）》

作者：[美] 于尔根·沃尔夫 译者：朱曼

写给"被催一族"简明的自我管理书！即刻将注意力集中于你重要的目标。生命有限，不要将时间浪费在重复他人的生活上，活出心底真正渴望的人生

《驯服你的脑中野兽：提高专注力的45个超实用技巧》

作者：[日] 铃木祐 译者：孙颖

你正被缺乏专注力、学习工作低效率所困扰吗？其根源在于我们脑中藏着一头好动的"野兽"。45 个实用方法，唤醒你沉睡的专注力，激发400%工作效能

更多>>>

《深度转变：让改变真正发生的7种语言》 作者：[美] 罗伯特·凯根 等 译者：吴瑞林 等

《早起魔法》 作者：[美] 杰夫·桑德斯 译者：雍寅

《如何改变习惯：手把手教你用30天计划法改变95%的习惯》 作者：[加] 斯科特·扬 译者：田岚